火力发电厂分散控制系统
典型故障应急处理预案

艾默生Ovation系统

电力行业热工自动化技术委员会

中国电力出版社
CHINA ELECTRIC POWER PRESS

内 容 提 要

为贯彻落实"坚持预防为主，落实安全措施，确保安全生产"的方针，确保机组在运行过程中发生控制系统故障时，运行和维护人员能够迅速、准确地组织故障处理，最大限度地降低故障造成的影响，电力行业热工自动化技术委员会组织全国 8 家电力科学（试验）研究院、14 家火力发电厂、11 家分散控制系统生产厂家的技术人员，在收集、总结各控制系统故障时的应急处理经验、教训，消化吸收了各分散控制系统技术管理经验，深入研究了各控制系统故障时应急处理方法的基础上，编制了系列《火力发电厂分散控制系统典型故障应急处理预案》丛书，全套书共 11 分册。

本书为《艾默生 Ovation 系统》分册，介绍了艾默生 Ovation 分散控制系统的结构特点，对其可能发生的故障源进行了定义和分类，提出了艾默生 Ovation 分散控制系统故障应急处理预案的编制程序、结构、故障应急处理的通用要求、应遵循的基本原则和故障时的整个处理流程。在现场故障处置预案中，详细介绍了各类故障的现象、原因和可能造成的后果，以及运行处理操作和维护处理操作方法。

本书可作为火力发电厂深化热控专业管理，制订和完善各企业分散控制系统故障应急处理预案时的重要参考，也可以作为高等院校和电厂热控专业学习、培训的教材。

图书在版编目（CIP）数据

火力发电厂分散控制系统典型故障应急处理预案. 艾默生 Ovation系统／电力行业热工自动化技术委员会编. —北京：中国电力出版社，2012.6（2019.9 重印）
ISBN 978-7-5123-2805-1

Ⅰ. ①火… Ⅱ. ①电… Ⅲ. ①火电厂-分散控制系统-故障修复 Ⅳ. ①TM621.6

中国版本图书馆 CIP 数据核字（2012）第 043784 号

中国电力出版社出版、发行
（北京市东城区北京站西街 19 号 100005 http://www.cepp.sgcc.com.cn）
北京雁林吉兆印刷有限公司印刷
各地新华书店经售

*

2012 年 6 月第一版 2019 年 9 月北京第三次印刷
787 毫米×1092 毫米 16 开本 10.25 印张 236 千字
印数 4501—5300 定价 32.00 元

《火力发电厂分散控制系统典型故障应急处理预案》
研究与编制完成单位

丛书主编单位

中国电力企业联合会科技发展服务中心、浙江省电力试验研究院。

丛书各分册完成研究与编制单位（按完成编写时间排序）

1. 《福克斯波罗 I/A 系统》分册，由浙江省电力试验研究院、浙江大唐乌沙山发电有限责任公司和上海福克斯波罗有限公司联合编制。

2. 《ABB Symphony 系统》分册，由湖南省电力公司科学研究院、大唐湘潭发电有限责任公司、浙能乐清发电有限责任公司和北京 ABB 贝利工程有限公司联合编制。

3. 《艾默生 Ovation 系统》分册，由华东电力试验研究院有限公司、上海上电漕泾发电有限公司、浙江华能玉环发电厂和艾默生过程控制有限公司联合编制。

4. 《日立 HIACS-5000M 系统》分册，由河南电力试验研究院、大唐三门峡华阳发电有限责任公司和北京日立控制系统有限公司联合编制。

5. 《国电智深 EDPF-NT Plus 系统》分册，由神华国华（北京）电力研究院有限公司、神华国华徐州发电有限公司和北京国电智深控制技术有限公司联合编制。

6. 《和利时 MACSV6 系统》分册，由神华国华（北京）电力研究院有限公司、神华内蒙古国华呼伦贝尔发电有限公司和杭州和利时自动化有限公司联合编制。

7. 《GE 新华 XDPS-400 系统》分册，由内蒙古电力科学研究院、北方联合电力有限公司、内蒙古京达发电有限责任公司、新华控制工程有限公司联合编制。

8. 《西门子 T3000 和 TXP 系统》分册，由神华国华（北京）电力研究院有限公司、神华浙江国华浙能发电有限公司、神华广东国华粤电台山发电有限公司、浙江省电力试验研究院、浙能乐清发电有限公司和西门子电站自动化有限公司联合编制。

9. 《上海新华 XDC800 系统》分册，由安徽省电力科学研究院、大唐淮南洛河发电厂和上海新华控制技术（集团）有限公司联合编制。

10. 《国电南自 TCS3000 系统》分册，由中国华电集团公司电气及热控技术研究中心、黑龙江华电佳木斯发电有限公司和国电南京自动化股份公司联合编制。

11. 《南京科远 NT6000 系统》分册，由浙江省电力试验研究院、神华国华（舟山）发电有限责任公司、南京科远自动化集团股份有限公司联合编制。

《火力发电厂分散控制系统典型故障应急处理预案》

　　随着发电机组容量和规模的成倍增长，分散控制系统的可靠性水平，已成为确保发电机组以及电网系统安全、稳定、高效运行和满足国家节能环保要求的关键。但分散控制系统品种繁多、技术涉及面广、元部件离散性大，运行过程中发生各种各样的故障难以避免，这就对从事控制系统运行、维护的专业人员提出了一个新课题，就是如何进行故障的有效预防，以及故障发生后如何通过迅速、正确的处理，将故障的影响降到最小。

　　有那么一批具有高度事业心、勇于探索实践、勤于钻研积累的热控专家和现场专业人员，他们在电力行业热工自动化技术委员会的组织与浙江省电力试验研究院的牵头下，基于上述课题展开了深入的专业研究，取得了丰硕成果——完成《火力发电厂分散控制系统典型故障应急处理预案》丛书编写，并将自己长年用汗水、心血换来的学习、工作、研究中积累的宝贵经验，通过这套丛书的出版，无私地奉献给了全国发电企业和广大读者。

　　这套丛书着重于电厂规程编写、故障分析查找及处理过程的示范，突出实用性、完整性、先进性和可操作性，因此有别于一般专业规程，也不同于一般的技术交流和经验总结性资料。相信它不仅对各发电企业编写或完善适合本企业的分散控制系统故障应急处理预案具有很好的指导作用，而且各发电企业可通过故障应急处理演练，有效提升运行、维护人员迅速、准确组织故障处理的能力。这套丛书将成为热控及相关专业教学、培训和自学的优秀教材，为从事或有志于从事该项工作的广大读者带来经验、启迪、思考和收益。

　　希望这套丛书的出版，能促进全国发电企业热控系统故障应急处理预案编制工作的不断完善并建立长效管理机制。通过各企业预案的编写或完善、培训与演练，提高运行、检修人员的故障处理能力，为机组安全、稳定、经济、节能环保运行作出贡献。

中国大唐集团公司副总经理
电力行业热工自动化技术委员会主任委员

二〇一二年三月二十日

目前国内大中型发电机组热力系统的监控，都采用了分散控制系统（DCS），电气系统的部分控制也正逐渐纳入其中。由于各厂家产品质量不一，控制系统的各种故障，如电源失电、操作员站"黑屏"或"死机"、主从控制器切换异常、通信中断、模件损坏等事件仍时有发生。有些由于运行或维修人员在控制系统故障时处理不当，导致故障扩大，机组非计划停运，甚至发生锅炉、汽轮机等主设备损坏事故。虽然多年来，根据《防止电力生产重大事故的二十五项重点要求》，电力行业管理部门和各发电集团公司都要求发电企业制订《分散控制系统故障应急处理预案》（以下简称《预案》），并组织运行和检修人员进行反事故演练。但到目前为止，由于《预案》编制无参照依据，大部分发电企业没有进行该工作；有的虽然进行了编写，但编制内容与范围不完整，不能满足控制系统故障时的处理需求，多数情况下还是凭运行和检修人员的经验来处理，结果导致故障扩大或一些本可避免的机组跳闸事件发生。根据"电厂热工自动化网站"已有的机组跳闸事件的归类统计，有 30%以上事件是与运行或检修人员处理不当有关。

为建立热控系统故障应急处理和长效管理机制，确保机组在运行过程中发生控制系统故障时，能够迅速、准确地组织处理故障，最大限度地降低故障造成的影响，浙江省电力试验研究院于 2008 年开始，在浙江省范围内开展了火力发电厂《预案》的研究编制工作，初步完成了火力发电厂《预案》编制模板，并在浙江省浙能兰溪发电有限公司 600MW 机组上进行了控制系统故障演习，取得了第一手资料，修改完善后编入已出版的《火电厂热控系统可靠性配置与事故预控》一书中。

2010 年 10 月，电力行业热工自动化技术委员会组织了全国 8 家电力科学（试验）研究院、14 家火力发电公司（厂）、11 家控制系统生产厂家，针对目前火力发电厂在线运行的主流控制系统和后起的国产控制系统，成立了 11 个《火力发电厂分散控制系统典型故障应急处理预案》（以下简称《典型预案》）编制组，在浙江省电力试验研究院前期研究工作经验和《火电厂热控系统可靠性配置与事故预控》提供的预案编制模板的基础上，通过进一步收集、总结各分散控制系统故障时的应急处理经验教训，消化吸收各参编单位技术及管理经验，联合进行分散控制系统故障应急处理方法的研究后，确定了统一的编写格式和编制程序的结构，制定了分散控制系统故障时应急处理的通用要求，规范了分散控制系统故障时的应急处理必须遵循的基本原则和操作过程。经过各编制组近一年的辛勤劳动，并在一些发电企业实际应用检验和修改后，完成了 11 册《典型预案》的编制。电力行业热工自动化技术委员会两次组织全国性的电厂专业人员进行讨论和广泛征求意见，并于 2011 年 8 月 23 日在北京召开专家审查会，国家电力监管委员会安全局发电处、中国电力企业联合会标准化中心火电处领导参加了会议，大唐、国电、华能、中电投等集团，中国电力工程顾问集团公司，西安热工研究院，华北电力科学研究院等单位的领导和专家组成的专家组，对《典型预案》的主要原则进行了审查，各编写组根据审查意见对各分册《典型预案》进行了完善。

本套《典型预案》均按规程格式要求，基于编制组所在的电厂机组配置和系统进行编写，仅作为指导性文件，为使用这 11 种控制系统的机组，编制或完善适应各发电企业的火力发电厂《预案》时提供参考标准和模板。各发电企业可依据这些《典型预案》的编制格式和内容，结合本企业的具体组织结构、管理模式、风险种类、生产规模、控制系统配置等特点进行相应的调整，编制适合本企业的《预案》。通过完善故障时应急处理方法和定期反事故演习，提高运行维护人员在控制系统故障时的应急处理能力，消除因人员操作处理不当而导致分散控制系统故障范围扩大的隐患。

本套《典型预案》编写过程中，得到了国家电力监管委员会安全局、各发电集团公司及全国30余家单位领导的大力支持，控制系统厂家提供了宝贵的技术资料，近70位技术和运行人员参加编制，贡献了长期积累的宝贵经验，金耀华主任委员主审了丛书，侯子良、金丰、段南等众多专家给予了热情指导，审查委员会专家们认真审查并提出了宝贵的修改意见，使编制组受益良多，在此一并表示感谢。

最后，感谢浙江省电力试验研究院在组织编写中给予的全力支持与配合，使得本套《典型预案》得以顺利出版，让整个电力行业受益。

《火力发电厂分散控制系统典型故障应急处理预案》丛书编委会
二〇一二年三月十日

为完善热控系统故障应急处理流程和预案，建立长效管理机制，提高机组运行可靠性，电力行业热工自动化技术委员会组织有关单位进行 11 种分散控制系统的典型故障应急处理预案的编写。按照技术委员会统一安排，华东电力试验研究院有限公司、上海上电漕泾发电有限公司、浙江华能玉环发电厂和艾默生过程控制有限公司等单位联合编写《火力发电厂分散控制系统典型故障应急处理预案 艾默生 Ovation 系统》。编制时主要根据上海上电漕泾发电有限公司的系统配置进行，其他发电企业参照时，需结合本单位的特点进行相应调整。另外，上海上电漕泾发电有限公司只是分散控制系统（DCS）部分采用 Ovation 系统，但考虑到预案内容的完整性，又根据 Ovation 系统的数字电液调节系统（DEH）典型配置补充了该部分的内容。

本书由华东电力试验研究院有限公司沈丛奇担任主编并统稿，上海上电漕泾发电有限公司颜海宏、华东电力试验研究院有限公司祝建飞和艾默生过程控制有限公司冯雄任副主编。参与本书编写的有上海上电漕泾发电有限公司艾春美、汪朝阳、曹卫峰、马建华、毛哲峰，华东电力试验研究院有限公司姚峻、沈建峰，浙江华能玉环发电厂付望安和浙江省电力试验研究院余小敏。华东电力试验研究院有限公司负责协调预案编写的相关事宜，并根据控制对象的分配特点来编写每对控制器的故障预案，艾默生过程控制有限公司从控制系统的角度提供素材并编写与系统相关的故障预案，电厂则从热控应急处理及运行操作等方面来对预案进行补充和修改。在编写过程中，参编单位通力合作，几易其稿，终成此书。可以说，本预案综合了各自的技术特长和经验积累，凝聚了许多专业人员的心血。余小敏进行了最终样稿的核对，本书由教授级高级工程师侯子良主审。

由于电力行业热工自动化技术委员会的组织，我们 8 家电力科学研究（试验）院、14 家火力发电公司（厂）、11 家控制系统生产厂家得以联合研究，对分散控制系统故障处理预案规范化、公开化，使整个电力行业受益。参与编写的单位领导给予大力支持，使得预案编制组能按时完成编制；上海上电漕泾发电有限公司参与相关试验的热控人员陈梁、俞海云、姚瑛瑛等，参与预案讨论的运行专工周笃毅、姚权平、朱斌等，由于他们的工作和提出的宝贵意见，使预案编制工作得以圆满结束，教授级高级工程师侯子良学术造诣精深、经验丰富，在主审中给书稿提出了许多宝贵的意见和建议，在此一并表示感谢！

限于编写人员的实践、水平、时间以及模拟试验条件的不足，书中难免会有一些不足和错误之处，恳请读者批评指正。

《艾默生 Ovation 系统》编写组
二〇一二年三月十日

1

范　　围

　　本预案规定了火力发电厂编制艾默生 Ovation 分散控制系统故障应急处理预案的程序、内容和要素等基本要求。采用艾默生 Ovation 分散控制系统的发电企业编制时，应结合本单位的组织结构、管理模式、风险种类、生产规模等特点，进行相应的调整。

　　本预案适用于火力发电厂采用艾默生 Ovation 分散控制系统的已投产机组，进行控制系统故障应急处理预案制订和故障时的现场应急处理指导。

2

编制依据和参考资料

　　编制过程中，参考了下列规程、标准、资料的格式、内容和要求：

GB 50660　大中型火力发电厂设计规范

DL/T 774　　火力发电厂热工自动化系统检修运行维护规程

AQ/T 9002　　生产经营单位生产安全事故应急预案编制导则

Q/LD 208005　　危险源辨识与风险评价控制程序

火电厂热控系统可靠性配置与事故预控

3

术语、定义和缩略语

　　下列术语、定义和缩略语适用于本预案。

3.1

应急预案　emergency pre-arranged planning

　　是指根据评估分析或经验，对潜在的或可能发生的突发事件的类别和影响程度而事先制订的应急处置预案。

3.2

应急响应　emergency response

　　分散控制系统故障发生后，有关部门或人员按照工作程序对故障作出判断，确定响应级别。

3.3

应急启动　emergency start

应急响应级别确定后，按确定的响应级别启动应急程序，通知应急人员到位，开通通信网络，调配应急资源。

3.4

应急行动　emergency action

在分散控制系统故障应急响应过程中，为消除、减少故障危害，防止故障影响扩大，最大限度地降低故障造成的危害而采取的处理措施或行动。

3.5

应急恢复　emergency recovery

分散控制系统故障应急行动结束后，为使生产尽快恢复到正常状态而采取的措施或行动，包括现场清理、人员撤离、善后处理、事故调查等。

3.6

初始化工具　Init tool

Initialization tool（初始化工具），一种通过使用图形用户界面（GUI）定义系统站点和软件包的 Ovation 实用工具。

3.7

电子模块　electronics module

包含处理 I/O 信号的电子设备的 Ovation I/O 的一部分，安装在主基板上，并通常由特性模块进行配置。

3.8

分布式数据库　distributed database

包含存储于主数据库上的信息子集，并存储在本地站点上，以允许在主数据库不可用时继续运行该站点。分布式数据库出现在系统中的每个站点上，并随点信息的更改不断更新。

3.9

工程站　engineering station

用于系统程序的配置和输入的 Ovation 站点，在基于 Windows 的系统中也称 developer studio。

3.10

管理工具　admin tool

管理工具是一种 Emerson 实用工具，可通过使用图形用户界面来配置软件并将其下装到站点。

3.11

IOIC 卡　IOIC card

控制器 PCI I/O 接口卡的泛称。OCR161 控制器的选项为 PCQL、PCRL 和 PCRR。OCR400 控制器只需要 IOIC 模块。

3.12

I/O 模块　I/O module

标准 I/O 模块由一个电子模块和一个个性模块构成。紧凑型模块和继电器输出模块不包含个性模块。这些模块执行 I/O 控制器和现场设备之间的连接。

3.13

介质连接单元　MAU

介质连接单元（MAU）是连接单元模块的替用名称，其中包括组合的电子模块和个性模块。此设备可将 IOIC 卡（通过 AUI 电缆）连接到远程 I/O 应用程序中的 RNC（通过光缆）。

3.14

控制器　controller

用于过程控制的站点。控制器通过网络将过程控制信息传递到需要此信息的站点或设备。

3.15

控制器诊断　controller diagnostics

一种诊断工具，可显示有关控制器的各种信息，也可将固件下装到智能 I/O 模块。

3.16

Ovation 系统　Ovation system

基于 ANSI 和 ISO 网络标准的开放式结构 Emerson 过程控制系统。将嵌入式模块用于 I/O。

3.17

Ovation 网络　Ovation network

用于过程控制的冗余、确定的高速网络。基于快速以太网标准，支持与其连接的所有站和控制器的数据输入和输出。

3.18

闪存数据　flash data

Ovation 点记录的一部分，存储于始发站点的闪存（或闪存盘）中并周期性地复制到接收站点。

3.19

数据高速公路　data highway

用于在站点或站之间传输时间关键型信息的通信链接，也称为局域网（LAN）或网络。

3.20

数据库　database

一组结构化数据，尤其是每个 Ovation 站点中的分布式数据库（定义生成的点和收到的点）和 Ovation 主数据库（定义系统中所有点的属性）。

3.21

特性模块　personality module

Ovation I/O 的一部分，用于配置电子模块，安装于主基板上它所配置的电子模块旁边。

3.22

图标报警　iconic alarming

提供一种基于报警的优先级和工厂区域对其进行分组的机制。每组报警通过显示器上预定义的位图表示。

3.23

远程 I/O　remote I/O

一种配置，其中 I/O 处于距离控制器很远的位置。

3.24

远程节点控制器　RNC

远程节点控制器（RNC）是 Ovation 模块的替用名称，包括远程节点电子模块和远程节点个性模块。RNC 通过光纤通信链接连接远程节点中的 I/O 模块与控制器中的 MAU 模块。

3.25

站点　drop

Ovation 网络成员（控制器、工作站或数据库服务器）的集合术语，并由 Ovation 配置工具（developer studio 或 Init tool）定义为站点。

3.26

诊断　diagnostics

检查硬件或软件以隔离故障和错误的功能。在 Ovation 系统中，每个站点都包含自动化自检诊断功能。如果检测到错误操作，则通常会启动消息或报警。

4

控 制 系 统 综 述

4.1　概述

Ovation 系统是艾默生过程控制有限公司公用事业部（PWS）（原西屋过程控制公司）于 1997 年推出的最新一代分散控制系统。该系统给工厂控制环境带来了开放式计算机技术，同时又可保证系统安全。

Ovation 是实时响应监控系统，具有多任务、数据采集、潜在控制能力和开放式网络设计的特点。Ovation 系统采用对当前最新的分布式全局型、重要的关系数据库作瞬态和透明的访问来执行对控制回路的操作。这种数据库访问允许把功能分配到许多独立的站点，因为每个站点并行运行，使它能集中在指定的功能上不间断地运行，无论同时发生任何其他事件，系统的性能不会受到影响。

由于 Ovation 系统具有开放性、标准化的特点，同时还拥有智能设备管理的强大功能，因此可以实现对 HART 设备，FF、Profibus、DeviceNet 等现场总线设备以及其他现场总线设备的在线管理。

4.2　Ovation 系统的硬件构成

4.2.1　Ovation 系统网络结构

Ovation 系统的网络可分为数据高速公路和各个站点。它以数据高速公路为纽带，构成一个完整的监控系统。站点包括两大类：①与生产过程接口的分散处理单元（DPU）；②人机接口装置，包括操作员站（OPS）、工程师站（ENG）、历史数据站（HSR）、智能设备管理站（AMS）、OPC SIS 接口站等。Ovation 系统同时还可以和其他的控制系统及信息系统进行标准化的开放式连接，参见图1。

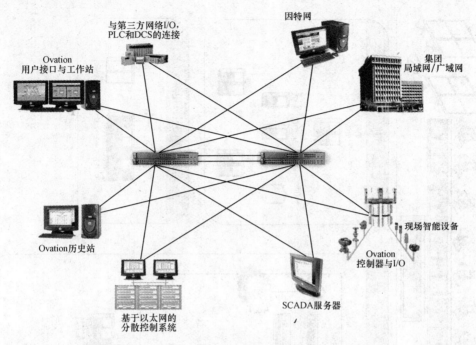

图1 Ovation 系统概貌图

Ovation 网络采用适用于实时过程控制的全冗余容错技术，严格遵循 IEEE802.3 以太网协议的标准。Ovation 网络频带宽，支持大型的、地理位置分散的系统，同时具有足够的灵活性和多种拓扑结构，能组合不同的介质。该网络介质本身是独立的，有光纤和铜质电缆（UTP）两种。Ovation 通信网络具有完整的容错性，能检测、报告和规避故障。基于以太网 ANSI 标准使 Ovation 网络能够可靠地运行，如果电缆破损或组件发生故障，它可以采用容错预案达到规避故障段的目的。

Ovation 采用对等网络结构，整个网络中任何一台工作站在正常运行中都不是不可缺少的，整个系统负荷可以有效分散到不同的工作站上。Ovation 通信网络支持多系统互联架构，即"多网络结构"，通过一对冗余的核心交换机可以将多达 16 套独立的 Ovation 系统网络连接到一起，用户可以在任何一台操作站上对本系统和外系统的设备进行监控，实现整个工厂所有控制系统的集中化监视。

Ovation DCS 典型系统配置图见图2。

4.2.2 Ovation 系统人机接口

Ovation 系统人机接口包含操作员站、工程师站、历史站等，主要功能如下：

1）Ovation 操作员站：用于处理控制画面、诊断、趋势、报警和系统状态的显示。操作人员可以获取动态点和历史点、通用信息、标准功能显示、事件记录和报警管理程序。

2）Ovation 工程师站：执行编程、操作和维护功能。工程师站在操作员站功能的基础上增加了创建、下载和编辑过程图像、控制逻辑和过程点数据库等所需的工具。

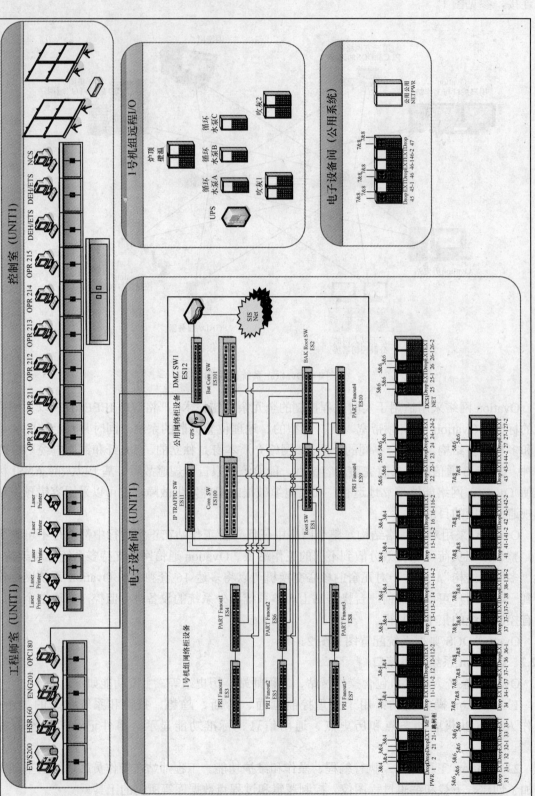

图 2 Ovation DCS 典型系统配置图

3）Ovation 历史站：负责整个 Ovation 系统的过程数据、报警、事件顺序记录（SOE）和操作员记录的大容量存储和检索，支持以 0.1s 或 1s 的时间间隔扫描和存储，最高支持 20 万点容量。

4.2.3　Ovation 控制器

Ovation 控制器遵循开放的工业标准，采用 Intel 处理器，增强了灵活性，能够提供在优先任务计划下的实时多任务调度。Ovation 控制器能够执行简单或复杂的调节、逻辑控制、数据采集，提供与 Ovation 网络和 I/O 子系统的接口。控制器内部使用标准 PC 结构并提供无源 PCI/ISA 总线接口，可以和即插即用（plug and play）的标准 PC 产品相兼容。

Ovation 控制器采用商用多任务实时操作系统 RTOS 来实现实时控制和通信功能。它采用抢占式多任务调度来执行和协调多个控制域，并能够与 Ovation 网络或者其他系统通过 TCP/IP 协议进行通信，完成基本的路由功能和控制器内的资源管理功能。

Ovation 控制器支持 5 个独立的控制区，控制周期可以由用户自定义，最快为 10ms，最慢为 30s。多控制区的设计，可以有效分配处理器负载，提高控制器的可利用率。每对控制器能够支持 128 个本地 I/O 模块和 512 个远程 I/O 模块。同时，Ovation 控制器支持主流的现场总线标准，包括基金会现场总线 Ff、Profibus 和 DeviceNet。

4.2.4　Ovation I/O 模块

Ovation I/O 模块提供了内置故障容错和诊断功能的嵌入式复杂控制应用，可以转换输入信号并生成输出信号。各种专业 I/O 模块具有汽轮机控制、测速模块、现场总线、第三方通信、回路接口等功能。

Ovation I/O 模块采用单点 DIN 导轨式安装，内置连接器取消了电源和通信之间的连接导线；采用软件组态，不需要跳线或者拨码开关。

每个 I/O 模块都包含电子模块和特性模块两部分。电子模块可将现场信号转换为数据，然后将数据发送至控制器。电子模块的种类包括数字和模拟的输入和输出、接点输入、热电偶和热电阻输入、脉冲累加器和计数器以及数据链接控制器等模块。特性模块以 I/O 的类别或类型为特征，并提供许多保护功能。特性模块上装有熔丝，当现场设备线路短路时对电路进行保护。作为耐浪涌功能之一的信号调节功能可以疏散电压"峰值"，以保护电子设备。信号调节还指明了电压施加到继电器上的方向，或使用的模拟量输入卡的类型。

对于现场总线技术，Ovation 提供了 HART I/O 模块和专门的现场总线支持模块，包括基金会现场总线 Ff 模块、Profibus DP 模块、DeviceNet 模块、以太网通信接口模块等，同时还具备完善的智能设备管理功能，操作人员可以直观地了解每台智能设备的工作情况和异常状态；一旦出现异常或者设备状态报警，可以及时查看原因，并采取相关的措施，实现预防性维修。

4.2.5　Ovation 电源系统

Ovation 系统的开关供电模块能够提供冗余交流 AC 和直流 DC 供电，主电源为冗余二极管脉冲电源，布置在每一个控制器机架上进行独立供电；冗余 DC 电源为每个 I/O 总线供电，同时在需要时辅助 I/O 电源为变送器回路和湿触点继电器提供电源。

Ovation 供电系统由两个功率因数校正供电模块和一个电源分配模块组成。AC 或 DC 电源位于电源分配模块终端区并分配出两个电源供电模块。采用不同的供电模块组就可以分别接受 AC 或 DC 输入。两个供电模块构成了冗余结构。AC 或 DC 供电模块也可以混合使用，对一个特定的机柜供电。输入电能被滤波、功率因素校正后，二极管脉冲电源为控制器机架和 I/O 总线提供电源。

Ovation 供电模块接受 AC 或 DC 输入，产生两个彼此隔离独立的 DC 输出。Ovation 供电系统能够提供输入低压、输入高压、过热、输出过电流保护，并可以在输入失去时，保持 32ms 的保持时间。

4.2.6 Ovation 接地系统

Ovation 系统采用多机柜 EMC 簇接地，图 3 所示为典型的簇机柜布置。为了防止设备部件被无意地给予电压，所有非电流承载金属部件都必须连接到一个受到保护的地。例如，外壳、电缆管道、出口箱仅是某些出于安全考虑应该被接地的金属部件。此外，不必要的噪声可以通过接地环路减少。

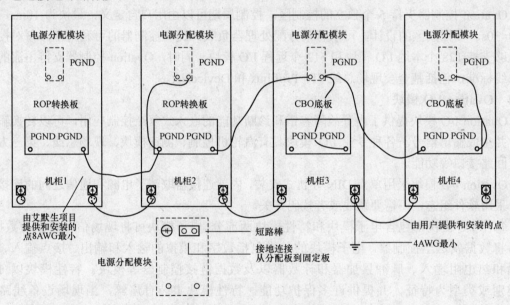

图 3　Ovation 系统接地系统示意图

注：AWG 为 America Wire Gauge（美国线规）的缩写。AWG 表适用于单根、实心、圆形的导线，双绞线 AWG 值由所有导线的总横截面积决定；用于区分导线直径的标准；导线的直径和导线承载电流的能力有很大关系；线规数字越小，表示线材直径越粗，能承载电流越大。

4.3 Ovation 系统的软件工具

Ovation 系统包括一套直观的、完全图形化界面的编程工具，可以采用标准"科学仪器制造商协会"（SAMA）图标的图形化组态环境对控制系统组态，并直接将 SAMA 图进行编译并下载到控制器；待工程组态结束后，直接将控制器的逻辑组态图导出即可成为 PDF 格式的竣工图；所有控制逻辑图可以自动生成为过程画面，并显示每个逻辑算法块的输入和输出，非常便于热控工程师对回路或者逻辑进行检查和精调。

作为整个控制系统的核心，Ovation 采用 Oracle 关系数据库来存储和管理系统配置信息、控制算法信息和过程点信息，并维护所有数据的一致性和完整性。所有编程组态工具和用户接口都可以将它们的相关数据存储到 Ovation 数据库中，供控制系统使用。

Ovation 数据库包含一个主数据库和多个分布式数据库。主数据库一般运行于工程师站上，而每个其他工作站都运行一个独立的分布式数据库，内含主数据库的部分信息。每个站的分布式数据库都会定时从主数据库获取点信息的更新，以保持与主数据库一致。

在控制系统组态时，所有修改更新信息将存储在主数据库中；当这些修改被装载到控制器或者某个工作站后，主数据库将向每个分布式数据库广播这些更新数据，以保持系统信息的一致性。主数据库也会周期性地广播主/备控制器信息、站点的不匹配信息、当前的顺序号等。客户端利用这个顺序号可以确定是否需要单独向主数据库申请发送更新信息。

Ovation 组态工具主要包括：

1）控制逻辑建立器：采用标准的 SAMA 图标进行控制策略组态，并负责对设计完成的控制策略进行编译和下载。

2）图表建立器：采用标准的拖拽方式来绘制过程监视画面，支持颜色渐变、3D、动画等效果。

3）I/O 建立器：根据现场控制器和 I/O 配置情况来建立机组的硬件配置树，并对每个 I/O 模块的每个通道进行定义。

4）点建立器：使用户能够增加、删除或修改过程的目标点，并立即实现对系统范围内所加点的一致性检验。

5）报表生成器：为设计和修改用户的报表格式提供了工具，允许按用户的要求来制订报表格式，包括周期性报表和事件驱动报表。

6）配置建立器：定义 Ovation 系统设备各项组态有关的数据，如控制器的控制域定义、操作员站功能等。

7）安全建立器：定义用户和用户组的权限与角色。

4.4 Ovation 系统的技术特点

Ovation 系统基于开放式的思路，采用商业化的主流软硬件产品、模块化的 I/O 和功能强大的工作站，具有以下技术特点：

1）分布式功能设计：Ovation 硬件功能被分离成各个独立的模块或站点。重要的应用项可以分配到各个独立模块，以确保在局部出现故障时系统继续运行。当一个站点出现故障时，独立的 Ovation 站点设计使系统内其他站点中的任何一个都不会受到影响。

2）简化的软硬件设计：Ovation 严格按照工业标准制造，采用目前广泛认可的硬件、软件、网络和通信接口，易于维护和升级。

3）冗余设计：从 Ovation 网络一直到 I/O 插板的电源装置，Ovation 系统的设计是集中围绕着可靠性进行。网络上的每个站点包含几个冗余特性，以确保系统具有最好的可靠性。控制系统所有的站点都是双重连接到每个数据网络，这样就可提供四重冗余。Ovation 控制器能够配置成具有多项冗余性能，包括双重的处理器插板、电源和通信联结。控制器的冗余水平可按照每个用户的技术要求来配置，双重处理器提供主/备的控制，如果发生故障，将会无扰动地自动切换。

4）直观的诊断方法：直观的诊断方法使维护人员能很快地确定系统在哪里出现了问题。

　　嵌入式的容错和诊断程序使 Ovation 系统的维修量保持在最低水平，诊断出的问题通过以下途径告知操作人员：系统各部件上的颜色指示灯、音响报警系统及系统操作人员能迅速看到的状态画面。

　　5）易于组态：功能强大的集成化、图形化组态工具，用户使用方便，控制系统组态安全，并且有综合工厂和过程数据的能力。

　　6）灵活的扩展性：Ovation 系统对适应现有系统的发展和信息技术进步的长期计划具有灵活性。有了 Ovation，通过对几个系统的组合，用户可以获得一个联合网络，控制器可以直接连接第三方通信应用，而 I/O 模块也易于扩展和升级。

5

应急处理预案的总体要求

5.1　总则

5.1.1　为贯彻"安全第一、预防为主、综合治理"的方针，确保控制系统故障时能够迅速、准确地组织故障处理，最大限度地降低故障造成的影响，应根据 AQ/T 9002 的要求制订分散控制系统典型故障应急处理预案。

5.1.2　为负责组织和统一协调应对控制系统故障时的应急处理，发电企业应建立控制系统故障应急组织体系，成立故障应急处理领导机构和故障现场应急处置组。

5.1.3　单元机组控制系统故障应急处理预案，在进行设备重大故障源风险辨识，调研、收集、总结、提炼分散控制系统故障应急处理经验与教训的基础上，以热控设备的危险预测、预防为基础，以保障人身安全、电网安全、设备可控为目标，由热控、运行、机务专业人员联合编制。内容包括典型故障诊断与处理流程图、故障快速查找表、故障处理操作卡和故障现场处置预案。

5.1.4　为确保建立分散控制系统故障长效管理和应急处理机制，应根据发布的预案，定期组织培训，开展故障应急处理演习，提升运行和维护人员迅速、准确地进行故障处理的能力，将分散控制系统故障时造成的影响与损失降低到最低限度。

5.1.5　控制系统故障应急处理时，以确保人身安全、电网安全、设备可控、不污染环境保护为目标。

5.1.6　本预案按照某发电厂 1000MW 超超临界机组控制系统的配置制订，为该机组突发事件总体应急预案中的专项预案，既可以单独使用，也可以配合其他预案一起使用。

5.2　设备重大故障源风险辨识

5.2.1　根据 Q/LD 208005 的原则，以控制系统设备的危险预测、预防为基础，辨识可能发生的设备重大故障源风险，并根据其可能造成的后果进行分级：

　　1）故障时，将直接造成机组跳闸、系统重要设备不可控、可能造成人身伤害、重要设备损坏或环境影响的定为一级故障；一级故障注重于跳闸后的恢复，重点是要确保设备不损坏。

2）不及时处理或处理不当，可能发展为一级故障或导致设备损坏的为二级故障，是故障应急处理中的重点。

3）暂时不影响机组安全运行，但有可能发展成为二级故障或一级故障的定为三级故障。

5.2.2 根据 5.2.1 的分级原则，分散控制系统重大故障源分级列于表 1。分散控制系统的具体分级可根据控制器分配情况进行适当调整，某发电厂控制器故障分级情况见表 2，各火力发电厂在编写预案时应根据本厂实际情况进行修改。

表 1　分散控制系统重大故障源分级列表

序号	故 障 源 名 称	故障级别	风险评估	应急能力评估
1	控制系统电源全部失去	一		
2	操作员站全部失去监控且无后备监视手段	一		
3	控制系统网络全部瘫痪且无后备监视手段	一		
4	锅炉主保护控制器全部故障（包括电源失去）	一		
5	汽轮机主保护控制器全部故障（包括电源失去）	一		
6	DEH 基本控制器全部故障（包括电源失去）	一		
7	系统电源任一路失去	二		
8	重要控制系统任一对冗余控制器均故障（含机柜电源失去），但有后备监视手段（如 MCS、SCS、MEH、脱硫控制器等）	二*		
9	重要控制系统的任一电源失去冗余（如 FSSS、MCS、SCS、DEH、ETS、MEH、脱硫控制器等）	二		
10	重要控制系统任一对冗余控制器失去冗余（如 MFT、DEH 基本、ETS 等）	二		
11	重要控制系统的任一网络失去冗余（如 DCS、DEH、FSSS、ETS、MEH、脱硫控制器等）	二		
12	重要系统监控画面失去监控	二		
13	部分操作员站失去监控	二		
14	重要 I/O 模件故障	二		
15	MEH 全部电源失去（汽包锅炉）	二		
16	任一对冗余控制器失去冗余	三		

* 重要控制系统任一对冗余控制器均故障且涉及安全的参数无必要的后备监视手段，则定义为一级故障。

表 2　某发电厂控制器故障分级情况

系统	序号	故 障 源 名 称	故障级别	风险评估	应急能力评估	备注
DCS	1	DROP01/51 控制站全部故障	一	危险		
	2	DROP02/52 控制站全部故障	二			
	3	DROP11～16 一对控制站全部故障	二			
	4	DROP21～22 一对控制站全部故障	二			
	5	DROP24～27 一对控制站全部故障	二			
	6	DROP31～38 一对控制站全部故障	二			

表 2（续）

系统	序号	故 障 源 名 称	故障级别	风险评估	应急能力评估	备注
DCS	7	DROP43 一对控制站全部故障	二			
	8	重要 I/O 模件故障	二			
	9	DROP23/73 控制站全部故障	三			
	10	DROP41～42 一对控制站全部故障	三			
	11	DROP45～47 一对控制站全部故障	三			
	12	DCS 单路电源失去	三			
	13	部分操作员站失去	三			
	14	单路网络故障	三			
	15	控制器失去冗余	三			
	16	控制器失去单路电源	三			
DEH	1	DROP06/56 控制站全部故障	一			
	2	DROP07/57 控制站全部故障	一			
	3	DROP08/58 控制站全部故障	二			

5.3 应急处理预案编制

5.3.1 控制系统故障应急处理预案，在调研、收集、总结、提炼分散控制系统故障应急处理的经验与教训的基础上，以热控设备的危险预测、预防为基础，以保障人身安全、电网安全、设备可控为目标，由热控、运行、机务专业人员联合编制。

5.3.2 制定控制系统故障时的应急处理预案启动流程，见附录 A。

5.3.3 根据表 1 和机组的实际配置，编制机组控制系统故障诊断与处理流程图与快速查找表，其中：

    1）控制系统故障诊断与处理流程图，见图 B.1。

    2）控制器故障诊断与处理流程图，见图 B.2。

    3）网络故障诊断与处理流程图，见图 B.3。

    4）控制系统故障快速查找表，见表 B.1。

5.3.4 依据机组控制系统检修维护的实际需求，编制控制系统故障操作卡，其中：

    1）更换控制器电源操作卡，见表 C.1。

    2）控制器故障处理操作卡，见表 C.2。

    3）更换控制器操作卡，见表 C.3。

    4）更换 I/O 模块操作卡，见表 C.4。

    5）更换 LC 模块操作卡，见表 C.5。

    6）更换双路电源切换模块操作卡，见表 C.6。

    7）更换远程 I/O 节点操作卡，见表 C.7。

    8）数据点强制操作卡，见表 C.8。

    9）更换交换机操作卡，见表 C.9。

5.3.5 根据表 1 编制适合单元机组的现场应急处置预案。现场应急处置预案以保障人身安全、电网安全、设备可控、不污染环境保护为目标，各预案编制格式和内容，均应包括故障现象

（运行检查、热控检查）、故障原因、故障后果、故障处理（运行处理、维护处理），并列出所有与故障相关的关联点，便于故障处理过程中考虑问题的全面性，防止因关联点考虑不周而导致故障影响范围扩大事件的发生。根据机组配置，编制一级故障现场应急处置预案（见附录 D），预案的目录见表 3；编制二级故障现场应急处置预案（见附录 E），预案的目录见表 4；编制三级故障现场应急处置预案（见附录 F），预案的目录见表 5。

表 3　一级故障现场应急处置预案目录

系统	预案编号	现场应急处置预案名称	级别
DCS	D.1	DCS 全部电源失去应急处置预案	一
	D.2	DCS 网络全部瘫痪应急处置预案	一
	D.3	DCS 全部操作员站失去监控应急处置预案	一
	D.4	DROP01/51 控制站严重故障应急处置预案	一
DEH	D.5	DROP06/56 控制站严重故障应急处置预案	一
	D.6	DROP07/57 控制站严重故障应急处置预案	一

表 4　二级故障现场应急处置预案目录

系统	预案编号	现场应急处置预案名称	级别
DCS	E.1	DCS 单路电源失去应急处置预案	二
	E.2	DCS 网络局部瘫痪应急处置预案	二
	E.3	DROP01/51 控制站重要模件故障应急处置预案	二
	E.4	DROP02/52 控制站严重故障应急处置预案	二
	E.5	DROP11/61 控制站严重故障应急处置预案	二
	E.6	DROP12/62 控制站严重故障应急处置预案	二
	E.7	DROP13/63 控制站严重故障应急处置预案	二
	E.8	DROP14/64 控制站严重故障应急处置预案	二
	E.9	DROP15/65 控制站严重故障应急处置预案	二
	E.10	DROP16/66 控制站严重故障应急处置预案	二
	E.11	DROP21/71 控制站严重故障应急处置预案	二
	E.12	DROP22/72 控制站严重故障应急处置预案	二
	E.13	DROP24/74 控制站严重故障应急处置预案	二
	E.14	DROP25/75 控制站严重故障应急处置预案	二
	E.15	DROP26/76 控制站严重故障应急处置预案	二
	E.16	DROP27/77 控制站严重故障应急处置预案	二
	E.17	DROP31/81 控制站严重故障应急处置预案	二
	E.18	DROP32/82 控制站严重故障应急处置预案	二
	E.19	DROP33/83 控制站严重故障应急处置预案	二
	E.20	DROP34/84 控制站严重故障应急处置预案	二
	E.21	DROP35/85 控制站严重故障应急处置预案	二
	E.22	DROP36/86 控制站严重故障应急处置预案	二
	E.23	DROP37/87 控制站严重故障应急处置预案	二
	E.24	DROP38/88 控制站严重故障应急处置预案	二
	E.25	DROP43/93 控制站严重故障应急处置预案	二
DEH	E.26	DROP08/58 控制站严重故障应急处置预案	二

表5 三级故障现场应急处置预案目录

系统	预案编号	现场应急处置预案名称	级别
DCS	F.1	部分操作员站失去监控应急处置预案	三
	F.2	控制器单路电源失去应急处置预案	三
	F.3	控制器单路网络故障应急处置预案	三
	F.4	控制器失去冗余应急处置预案	三
	F.5	DROP23/73 控制站严重故障应急处置预案	三
	F.6	DROP41/91 控制站严重故障应急处置预案	三
	F.7	DROP42/92 控制站严重故障应急处置预案	三
	F.8	DROP45/95 控制站严重故障应急处置预案	三
	F.9	DROP46/96 控制站严重故障应急处置预案	三
	F.10	DROP47/97 控制站严重故障应急处置预案	三

5.3.6 控制系统维护方法是控制系统故障应急处理时的必备手段，编制控制系统故障应急处理预案时，应同时完成控制系统维护方法的编制，见 G.1～G.5。

5.3.7 编制控制系统故障应急处理预案时，应全面核查控制系统设计符合 GB 50660 等规程要求，重点确认控制系统实际接地，电源系统连接，控制器、输入/输出信号和通信网络的配置，符合 DL/T 774 等有关规程、《火电厂热控系统可靠性配置与事故预控》和"G.6 控制系统可靠性确认"要求，发现隐患及时列入机组检修整改计划，在规定时间内完成。

5.3.8 编制完成的所有控制系统故障应急处理预案，应利用机组检修机会进行规范、全面的验证，以保证控制系统不同故障时，直接用于故障快速查找和应急处理指导的正确性和可操作性，缩短故障分析查找和处理时间，减少人为失误，防止处置时关联操作不到位而导致处置失败及故障扩大事件的发生。

5.4 故障应急处理准备

5.4.1 根据单元机组实际情况，编制各控制器控制对象列表，通过事前培训，使运行和检修人员掌握控制器所控制的对象，防止故障查找时因考虑不周、强制的关联点不全而出现漏洞，导致故障影响扩大事件的发生。表 6 为典型机组控制器主要控制对象列表，各发电厂在编写时应根据本厂实际情况进行修改。

表6 典型机组控制器主要控制对象列表

系统	序号	DPU 柜号	主要控制对象
DCS	1	DROP1/51	MFT 主保护、油母管及泄漏试验、锅炉吹扫、SOE
	2	DROP2/52	协调控制、燃料主控、机组级程控 APS
	3	DROP11/61	制粉系统 A 层及 A 层油枪
	4	DROP12/62	制粉系统 B 层及 B 层油枪、微油控制
	5	DROP13/63	制粉系统 C 层及 C 层油枪
	6	DROP14/64	制粉系统 D 层及 D 层油枪
	7	DROP15/65	制粉系统 E 层及 E 层油枪

表 6（续）

系统	序号	DPU 柜号	主 要 控 制 对 象
DCS	8	DROP16/66	制粉系统 F 层及 F 层油枪
	9	DROP21/71	给水主控、启动疏水系统（再循环泵等）、旁路系统接口、再热器安全门
	10	DROP22/72	锅炉侧汽水系统阀门、锅炉壁温（远程 I/O）
	11	DROP23/73	锅炉吹灰
	12	DROP24/74	主蒸汽温度及再热蒸汽温度控制
	13	DROP25/75	CCOFA/SOFA 风门控制、脱硝控制、锅炉壁温（智能前端）
	14	DROP26/76	风烟系统 A 侧（空气预热器、引风机、送风机、一次风机）、密封风机 A
	15	DROP27/77	风烟系统 B 侧（空气预热器、引风机、送风机、一次风机）、密封风机 B
	16	DROP31/81	循环水泵 A（远程）、开/闭式水 A 侧、真空泵 A
	17	DROP32/82	循环水泵 B（远程）、开/闭式水 B 侧、真空泵 B
	18	DROP33/83	循环水泵 C（远程）、辅助蒸汽、低压加热器及抽汽
	19	DROP34/84	凝结水泵 A、凝补水 A、除氧器
	20	DROP35/85	凝结水泵 B、凝补水 B、高压加热器及抽汽
	21	DROP36/86	凝结水泵 C、电动给水泵
	22	DROP37/87	汽动给水泵 A+给水泵汽轮机 A+给水泵汽轮机 A 油系统
	23	DROP38/88	汽动给水泵 B+给水泵汽轮机 B+给水泵汽轮机 B 油系统
	24	DROP41/91	ECS 厂用电系统 A
	25	DROP42/92	ECS 厂用电系统 B
	26	DROP43/93	ECS 发电机—变压器组
	27	DROP45/95	ECS 公用 A 侧：主厂房照明检修及公用变压器 A
	28	DROP46/96	ECS 公用 B 侧：主厂房照明检修及公用变压器 B
	29	DROP47/97	公用：空气压缩机、辅助蒸汽、润滑油输送泵
DEH	1	DROP06/56	汽轮机 ETS 保护、发电机氢、油、水等
	2	DROP07/57	汽轮机转速/负荷控制
	3	DROP08/58	汽轮机热应力监视及控制

5.4.2　根据机组实际情况，建立合理、必要的分散控制系统备品库，列出控制系统备品清单，完善备品管理制度，做好故障应急处理的物质保障。表 7 为某发电厂控制系统备品清单示例，各火力发电厂在编写预案时根据本厂实际情况进行修改。

表 7　某发电厂分散控制系统备品清单

系统	序号	备 品 名 称	型 号	数量	存放位置	备注
DCS	1	OCR400 控制器	5X00247G01	1		1 对
	2	24V 直流电源模块	1X00024H01	2		
	3	模拟量输入卡	1C31224G01 1C31227G01	5		

表7（续）

系统	序号	备 品 名 称	型 号	数量	存放位置	备注
DCS	4	模拟量输出卡	1C31129G03 1C31132G01	5		
	5	热电偶输入卡	5X00070G04 1C31116G04	5		
	6	热电阻输入卡	5X00119G 5X00121G01	5		
	7	数字量输入卡	1C31234G02 1C31238H01	5		
	8	数字量输出卡 FormC	5A26457G01	5		
	9	数字量输出卡 FormX	5A26458G02	5		
	10	SOE 卡	1C31233G04 1C31238H01	4		
	11	脉冲输入卡	1C31147G01 1C31150G01	4		
	12	远程 I/O 节点	5D94804G06	2		
	13	数据连接卡（Modbus_RTU）	1C31166G01 1C31169G02	1		
	14	Ovation 模块熔断器	5A22727G03	2盒		
	15	Ovation 交换机	Cisco Catalyst 2960-24	1		
	16	ROP 板	1C31197G02	1		
	17	远程 ROP 板	4D33924G01	1		
	18	I/O 分支终端（左侧）	1B30023H01	1		
	19	I/O 分支终端（右侧）	1B30023H02	1		
	20	控制器至 MAU 电缆	5X00238G12	1		
	21	控制器柜 ROP 至扩展柜 ROP 电缆	5A26141G06	1		
	22	控制器柜 ROP 至第二个扩展柜 ROP 电缆	5A26141G09	1		
	⋮					
DEH	1	阀门定位卡	1C31194G01 1C31197G05	2		
	⋮					

5.4.3 建立外部应急资源库，确保分散控制系统发生故障而单位内部应急能力不足以满足故障应急处理的需求时，外部应急资源请求能及时、顺畅地进行（故障备品不能满足要求时，需要请求相关单位的备件支援；单位内部技术人员对故障的应急处理存在疑问时，需要请求相关单位的技术支持等）。外部应急资源的充分利用是热控设备故障顺利应急处理的重要保证。表8为某发电厂分散控制系统外部应急资源示例，各火力发电厂在编写预案时应根据本厂实际情况进行修改。

表8 某发电厂分散控制系统外部应急资源

系统	设备供应厂商			技术支持单位		
	单位	电话	联系人	单位	电话	联系人
DCS			售后服务经理			技术支持工程师
DEH			售后服务经理			技术支持工程师
MEH			售后服务经理			技术支持工程师

5.4.4 维护人员应熟悉并掌握 DL/T 774 要求和 G.1～G.5 中的控制系统维护方法，做好控制系统的检修和日常运行维护工作，当系统发生故障时，能迅速使用控制系统维护工具进行问题的分析查找。

5.5 组织机构及职责

5.5.1 发电企业应建立分散控制系统故障应急组织体系，成立应急处理领导机构，由企业主管生产的领导担任组长，生产部门与行政后勤部门相关人员担任机构成员，以统一协调应对故障应急处理。图 4 为控制系统故障应急组织体系示意图。

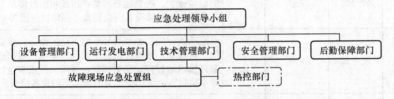

图 4 分散控制系统故障应急组织体系示意图

5.5.2 故障应急处理职能部门职责。

1) 应急处理领导小组职责：负责本应急预案的制订，并定期组织演练，监督检查各部门在本预案中履行职责的情况；对发生事件启动应急预案进行决策，全面领导应急处理工作；组织成立各个专业应急小组。在设备故障发生后，根据设备故障报告立即按本预案规定的程序，组织各专业故障应急处置人员赶赴现场进行设备故障处理，使损失降到最低；负责向上级主管部门汇报设备故障和处理进展情况，必要时向地方政府汇报；根据设备、系统的变化及时对本预案的内容进行相应修改，并及时上报上级主管部门备案。

2) 设备管理部门职责：负责备品备件的储备和管理，确保备品处于良好的备用状态；负责设备故障应急处理工作的协调和组织工作，和专业人员一起尽快到达现场；检查确定故障原因，并按相应的现场处理预案进行故障处理。

3) 技术管理部门职责：负责设备故障应急处理过程中的技术支持，负责与相关单位（厂家、安装单位、调试单位、技术支持单位和外部资源）沟通和协调各方关系，保证应急处理作业顺利进行；负责设备故障应急处理预案的编制、完善、演练、培训。

4) 运行发电部门职责：根据设备故障状态进行机组运行参数调整。设备故障处理期间，要求各岗位尽职尽责，根据情况对设备采取相应保护、隔离措施，对可能产生不良影响的设备故障提出处理预案；负责与电网调度中心的协调联络，以尽可能地减小对电网的影响；负责修后设备的检查试运。

5）安全管理部门职责：负责组织设备故障的调查取证、处理意见，负责设备故障处理结束后向上级相关部门通报设备故障；发生设备故障后，维持现场秩序、现场警戒，划定警戒区域；控制现场人员，无关人员不准出入现场；负责处理现场安全隔离措施的检查，并督促相关部门执行到位。

6）后勤保障部门职责：负责应急处理作业物资能够保证应急处理工作的顺利进行；负责设备故障备品的管理工作，确保设备故障备品处于良好的备用状态。

5.5.3 应急处理领导机构成员构成及现场应急处理职责，见表9。

表9 应急处理领导机构成员构成及及现场应急处理职责

应急处理领导小组	姓名	部门	岗位	电话	职责
组长		厂领导	生产副总经理		领导现场的应急应变工作，评估设备故障的严重程度，作出决定，发布应急预案的启动令、撤销（解除）令
副组长		设备部	副总工程师		协助组长分别负责管辖范围内紧急应变的具体领导工作，接收报告、评估形势、对故障应急处理过程中的问题提出决策建议
成员		热控部门	主任		准确执行应急处理领导小组下达的命令；组织做好管辖范围内的设备维护、应急物资准备；组织机组故障的分析查找，负责管辖范围内的故障设备应急处理，保障机组设备安全
成员		发电部	主任		准确执行应急处理领导小组下达的命令；负责与电网调度中心的定时联系，通报在应急中的生产情况；根据机组发生的故障，制订机组运行方式变更预案，保障机组正常运行，向应急处理领导小组报告；组织负责紧急情况下的设备检查巡检及操作
成员		设备部	主任		准确执行应急处理领导小组下达的命令；组织做好管辖范围内的设备维护、应急物资准备等
成员		安监部	主任		组织设备故障调查，总结紧急应变工作经验教训
成员		物资部	主任		保证应急物资的供应及紧急采购

5.5.4 为保证控制系统故障时现场应急处理工作的迅捷进行，成立控制系统故障现场应急处置组，由热控部门负责人和当职值长担任正、副组长，负责组织应急处置工作。表10为某发电厂现场应急处置组成员构成及职责。

表10 某发电厂现场应急处置组成员构成及职责

职务	部门职务	电话	职责
组长	热控部门主任或负责人		准确执行应急处理领导小组下达的命令；收集故障信息，组织控制系统故障分析讨论，向应急处理领导小组提出处置预案。组织人员进行故障处理
副组长	发电部当值值长		准确执行应急处理领导小组下达的命令；负责与电网调度中心的联系，通报信息；根据故障情况制订并执行机组运行变更预案，保障机组正常运行
组员	热控部门专工		根据收集到的各种信息，对故障情况进行分析，参与应急处理预案讨论，组织或协助故障处理
	热控班班长		根据收集到的各种信息，对故障情况进行分析，参与应急预案讨论，进行或参与故障处理
	运行当值操作员		准确执行当值值长下达的操作命令，负责紧急情况下的设备检查巡检及操作

6

故障应急处理过程控制

6.1 应急处理响应

6.1.1 启动流程：控制系统故障时的应急处理预案启动流程，见附录 A。

6.1.2 接警：报警人员发现设备故障后应及时将设备故障现象、发生地点、发现时间明确告知当班值长，并告知已经采取的临时措施。值长接到报警电话后立刻进行设备故障核实。

6.1.3 应急分级：值长接警后应立即根据分散控制系统发生的故障的可控性、严重程度、影响范围进行分级，其中严重影响机组安全运行或者必须紧急停机处理的故障定为一级故障（见 5.2.1 设备重大故障源风险辨识的一级危险）；影响机组出力或者不及时处理可能会上升为一级故障的定为二级故障（见 5.2.1 设备重大故障源风险辨识的二级危险）；暂时不影响机组安全运行，但可能发展为二级的故障定为三级故障。

6.1.4 应急启动：一级故障由值长启动一级故障应急处理预案，同时通知电力调度所和应急处理领导小组。二级故障和三级故障由值长启动现场应急处置组及相关的现场应急处置预案，各小组成员在现场应急处置组的组织协调下根据职责分工开展应急处理工作。

6.2 现场应急处置

6.2.1 控制系统一级故障应急响应后，运行人员应立即按照附录 D 进行故障处理。除 D.1 或其他即刻关联到设备和人身安全的故障，运行人员按照紧急停机事故预案，值长立即向故障应急处理领导小组和调度汇报外，其他故障先退出 AGC 等，并下令停止所有不必要的操作和检修维护工作后，即时通知故障应急处理领导小组和调度。

6.2.2 控制系统故障造成失控系统涉及汽轮机、给水泵汽轮机的润滑油、汽轮机控制油、发电机密封油、发电机氢气、锅炉炉前燃油和锅炉制粉等系统的，应及时通知公司消防队到场，并做好相关准备。

6.2.3 值长对失去监控系统的上、下游工艺流程参数加强监视和分析，并以此为依据判断失控系统的运行状态。若发现运行设备跳闸，应核查确认备用设备联启正常，必要时安排运行人员去电气间就地启动；若运行参数发生大幅波动，应采取相应措施维持参数稳定，同时安排巡检员进入现场，对失去监控的就地设备和机组主设备运行状态、参数进行检查、监视和必要的操作。现场巡检人员必须保持与集控室内通信畅通。

6.2.4 当 DCS 局部失灵（画面显示正常，但过程参数不变化，或者显示为超时，或者控制逻辑不执行），主要控制参数没有扩大趋势，没有引起机组跳闸时，运行人员应尽量减少操作，保持机组稳定，热控专业 DCS 人员应立即到场查找故障原因。

6.2.5 热控维护人员到场后，应立即向值长和运行人员了解设备故障前后的机组运行状况、有无操作和检修工作等详细情况，然后根据附录 B，结合收集到的各种信息，分析判断故障原因，确认后进行以下处理：

　　1）一级故障，经现场应急处置组批准，按照附录 D 进行故障处理。

　　2）二级故障，经现场应急处置组批准，按照附录 E 进行故障处理。

3）三级故障，经现场应急处置组批准，按照附录 F 进行故障处理。

6.2.6 控制器及电源失去冗余等局部故障时，尽管机组仍能正常运行，但如果不及时处理或处理不当，会导致控制器或其电源全部故障，造成严重后果。所以，此类局部故障应及时处理，且处理时按控制器及其电源全部故障预案做好准备，如磨煤机等有备用设备的控制器故障时，应停运后，热控人员再做故障消除。

6.2.7 发生一级故障引起机组跳闸或因一级故障而紧急停机（炉）时：

1）值长做好以下人员安排：

a）主值：负责控制硬手操盘紧急停运按钮，其中双按钮用于锅炉 MFT、汽轮机跳闸、发电机跳闸，单按钮用于破坏凝汽器 A/B 真空、启动给水泵汽轮机 A/B 直流油泵、启动汽轮机交流/直流油泵、快开高压旁路、快开再热器安全门、手动灭磁。

b）锅炉侧：巡操做好现场成对同时停运送风机、引风机等操作的相关准备工作。

c）汽轮机侧：巡操做好汽轮机、给水泵汽轮机打闸的准备，并监视其状态；做好投入润滑油泵、顶轴油泵、密封油泵等操作的相关准备工作。

d）公用系统：由相邻机组做好监视和操作。

e）机动人员：相邻机组的两位巡检和其他现场支援人员，配合做好隔离工作。

上述人员务必保持通信畅通。

2）主值通过相关手段确认锅炉 MFT 成功，检查机组负荷到零、各汽门关闭、转速下降，检查发电机出口开关及灭磁开关跳开。

3）主值充分利用 DEH 做好相关参数的监视。

6.2.8 一级故障按照《安全生产信息上报制度》、《电厂重大事故应急汇报程序》及时上报。

6.3 应急处理结束

6.3.1 设备故障应急处理作业结束后，设备管理部门与运行部门对应急处理后的设备进行试验，确定应急处理已使设备故障得到有效控制且设备运行异常情况已经消除。热控维护人员根据附录 G 检查确认系统信息及设备均正常后，由应急处理领导小组召集会议，在充分评估应急工作的基础上宣布应急行动结束，相关现场应急工作人员撤离现场。

6.3.2 在设备故障应急处理作业过程中，如果设备故障发展已超出本预案规定的处理工作范围，则由应急处理领导小组下令本预案终止执行。

6.4 应急处理后期处置

6.4.1 设备故障应急处理作业结束后，技术管理部门应妥善保存相关数据，并协助安全管理部门按设备故障调查程序进行设备故障调查、损失评估，对下一步工作进行部署并提出针对性的防范措施，以防止设备故障再次发生。

6.4.2 各相关部门对应急预案实施全过程进行认真总结，消除预案及故障应急处理过程中存在的缺陷，使应急预案和应急处理过程更加完善。

6.5 应急处理培训与演习

6.5.1 培训：培训的主要目的是建立分散控制系统的应急处理培训体制，树立相关工作人员的应急处理意识。要求相关工作人员熟悉相关的法律、法规，熟悉事故应急处理流程，掌握应急处理过程中所需要的专业知识。事故应急处理相关知识培训每年进行一次，并经考试合格后方能参与故障应急处理。

6.5.2 演习：演习主要着重于培养相关工作人员在故障应急处理作业过程中所需的实际操作能力以及相关部门在故障应急处理作业过程中的组织协调及物资保障能力，演习结束后应全面评估应急预案的预防及故障应急处理效果，找出不足与缺陷，并及时改进与完善应急预案。分散控制系统应急预案的演习要求每年进行一次，演习穿插在全厂的故障应急处理演习过程中进行。

6.6 应急处理预案的管理

6.6.1 预案的备案：分散控制系统故障应急处理预案，应由突发事件应急管理委员会办公室备案。

6.6.2 预案的修改与更新：技术管理部门负责组织，每两年进行一次预案的修改更新。但有下列情形之一的，应当及时对处置预案进行相应修订：

1）相应现场生产规模发生较大变化或进行重大技术改造后。
2）单位隶属关系发生变化后。
3）周围环境发生变化，形成重大故障源时。
4）应急指挥体系、主要负责人、相关部门人员或职责已经调整时。
5）依据的法律、法规和标准发生变化时。
6）应急预案演练、实施或应急预案评估报告中，提出整改要求时。

6.6.3 制订与解释部门：技术管理部门负责制订与解释本预案。

6.6.4 预案实施或生效时间：本预案于发布日起开始实施。

附 录 A
控制系统故障应急处理预案启动流程

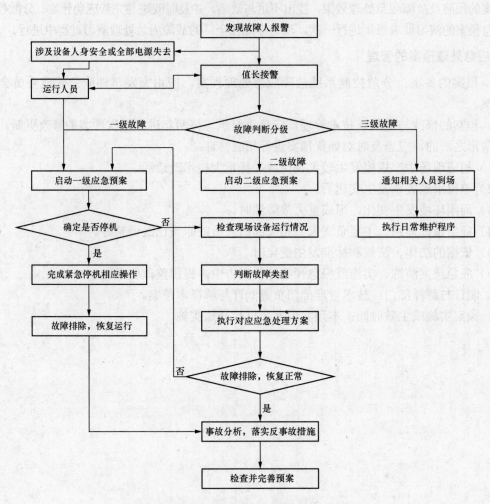

图 A.1 控制系统故障应急处理预案启动流程

附 录 B
控制系统故障查找流程图与快速查找表

B.1 控制系统故障诊断与处理流程图

控制系统故障诊断与处理流程图如图 B.1 所示。

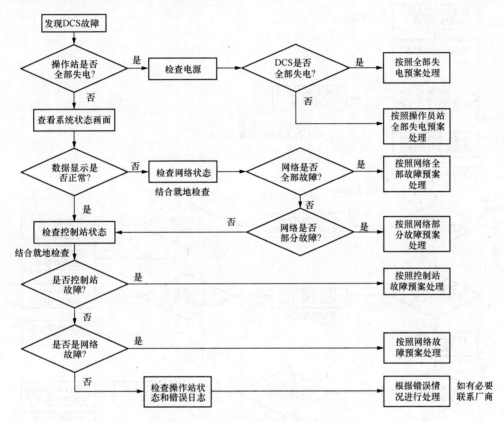

图 B.1 控制系统故障诊断与处理流程图

控制系统故障处理的基本原则如下：

1）启动时，若发生操作员站画面全部黑屏且独立于 DCS 的电源失电报警，或操作员站全部死机、画面数据不刷新，运行人员应立即按紧急停机处理。

2）运行中，发生操作员站画面全部黑屏且独立于 DCS 的电源失电报警时，按 D.1 进行处理；发生操作员站画面站死机、数据不刷新时，按 D.2 进行处理。

B.2 控制器故障诊断与处理流程图

控制器故障诊断与处理流程图如图 B.2 所示。

DCS 控制器故障处理的基本原则如下：

1）通过系统状态画面找到故障控制器，查看故障控制器的数量、是否是成对的控制器出现故障，以及故障信息。

2）如果是冗余控制器出现故障，则先通过控制器诊断画面查看故障原因，并按本控制器相关应急预案执行，待消除故障原因后逐个重启控制器。重新启动后，控制器如果能够投入主控和备用，则进行保护措施恢复；如果仍然是单对故障，则按单个控制器故障处理。

3）如果是单个控制器故障，则通过控制器诊断画面查看故障原因，按本控制器相关应急预案做好准备后，进行控制器清空和下装。

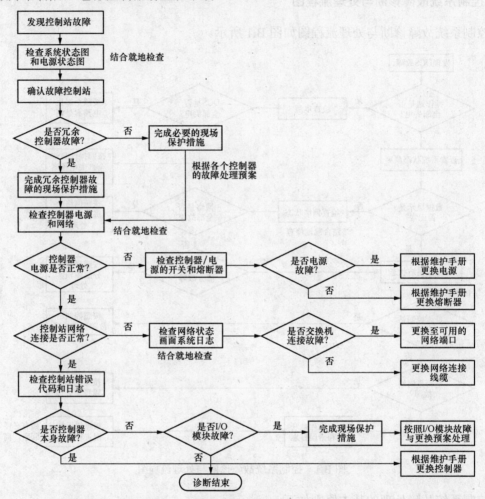

图 B.2 控制器故障诊断与处理流程图

4）如果是控制器底板、电源分配板或者 ROP 板故障，则需要做好控制隔离保护措施，择机将冗余控制器电源关闭，然后更换控制器底板、电源分配板或者 ROP 板。

B.3 网络故障诊断与处理流程图

网络故障诊断与处理流程图如图 B.3 所示。

网络故障处理原则：控制系统网络故障可以通过系统状态图和网络状态图进行判断，同时 Ovation 错误日志和交换机日志都会记录网络端口或者交换机出现的警告或者故障。根据这些日志，可以判断具体的网络故障原因。

注意：网络交换机的每个端口都有具体定义，不要随便更换网络线缆的端口。网络交换机的更换步骤比较复杂，应联系厂商进行更换。

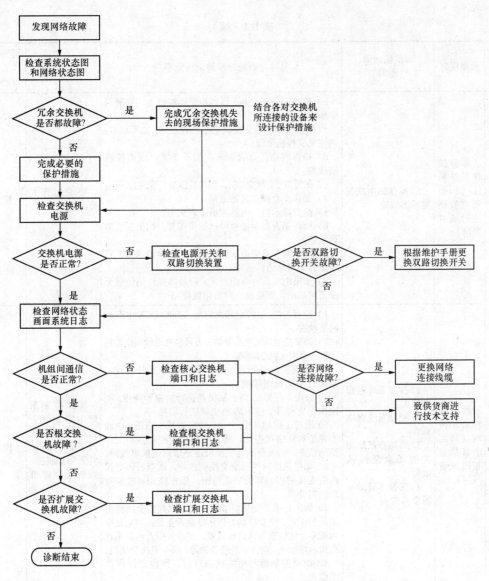

图 B.3 网络故障诊断与处理流程图

B.4 控制系统故障快速查找表

控制系统故障快速查找表见表 B.1。

表 B.1 控制系统故障快速查找表

故障类型	故障现象	可能的故障原因	具体检查处理步骤及注意事项	应采取的安全措施	故障涉及设备及连锁保护
网络故障	部分操作员站离线（画面所有数据超时或者黑屏）	1）操作员站电源失去。 2）双路电源切换器故障。 3）网线故障。 4）交换机故障。	1）运行人员利用正常的操作员站就行监视和操作。 2）检查系统状态图和 Ovation 错误日志，查看故障操作员站的状态。 3）如果多台操作员站同时故障： a）检查控制系统网络状态图，定位故障交换机端口；	要求运行人员减少操作	操作员站

表 B.1（续）

故障类型	故障现象	可能的故障原因	具体检查处理步骤及注意事项	应采取的安全措施	故障涉及设备及连锁保护
网络故障	部分操作员站离线（画面所有数据超时或者黑屏）	5）操作站电脑或显示器故障	b）检查 Ovation 错误日志和交换机日志，判断网络故障原因； c）检查故障网络交换机电源是否正常；如不正常，则恢复交换机电源； d）检查网络线是否正常；如不正常，则更换网络线缆； e）如果需要更换交换机，则联系 DCS 厂家进行更换。 4）如果单台操作员站故障： a）检查显示器、电脑主机是否失电； b）检查是否显示器故障；如果需要，则更换新的显示器； c）检查网卡通信指示灯和相应的交换机端口，判断是否为网络通信故障； d）如果电源和网络均正常，但故障操作站仍然无法正常启动，则更换一台备用操作站	要求运行人员减少操作	操作员站
	所有操作员站离线（画面所有数据超时或者黑屏）	1）控制系统电源全部失去。 2）控制系统网络瘫痪。 3）与操作员站相关的冗余交换机故障。 4）仅操作员站电源全部失去	1）检查 DCS 电源柜和网络柜，判断 DCS 电源和网络状况。 2）如果控制系统电源全部失去且独立电源失电监视报警，则确认机组跳闸。 3）如果控制系统网络全部瘫痪且无后备监视，则执行手动机组跳闸。 4）如果工程师站/历史站仍能进行监视和操作，则操作人员利用工程师站/历史站进行监视。 5）通过工程师站/历史站，检查系统状态图、电源监视图和网络状态图，确认交换机、控制器和工作站的状态，明确是单台交换机还是成对交换机故障。 6）如果是成对的冗余交换机故障，则查看该交换机所连接的控制器的功能范围，依据控制器故障处理预案处理。 7）如果是单个交换机故障，则依次判断交换机电源是否正常、交换机状态指示灯是否正常；如果是电源故障，则检查双路切换装置，消除故障点；如果状态指示灯熄灭，则表明是硬件故障，需要更换交换机。 8）如果控制器与网络状态良好，则检查操作员站供电	如果控制系统电源全部失去或控制系统网络全部瘫痪，且无后备监视，则按紧急停机处理	操作员站
	部分控制器离线	1）控制器两路电源同时失电或故障。 2）网络连接故障。 3）控制器内部故障	1）通过系统状态画面找到故障控制器，查看故障控制器的数量、是否为成对的控制器出现故障，以及故障信息。 2）如果是多对控制器同时出现故障： a）确认故障控制器的功能范围，按照对应控制器故障的处理步骤执行； b）检查故障控制器是否连接在同一对冗余交换机上； c）检查交换机和故障控制器的电源状态； d）检查故障控制器对应冗余交换机的级连端口状态； e）检查故障控制器与交换机之间的网络连线； f）如果故障仍未排除，则继续执行后续步骤，逐个排查单对控制器。 3）如果是单对控制器出现故障： a）通过控制器诊断画面和故障指示灯查看故障原因，并按本控制器相关应急预案执行保护措施； b）根据控制器诊断画面和 Ovation 错误日志提示的错误代码，确认控制器的故障原因，并按照建议步骤执行	1）要求运行人员维护机组负荷稳定，减少操作。 2）隔离所控制的设备、重要信号	故障控制器所控制的设备及连锁保护

表 B.1（续）

故障类型	故障现象	可能的故障原因	具体检查处理步骤及注意事项	应采取的安全措施	故障涉及设备及连锁保护
网络故障	全部控制器离线	1）控制系统电源全部失去。 2）控制系统网络瘫痪。 3）全部控制器电源失去	1）检查 DCS 电源柜和网络柜，判断 DCS 电源和网络状况。 2）如果控制系统电源全部失去且独立电源失电监视报警，则确认机组跳闸。 3）如果控制系统网络全部瘫痪且无后备监视，则执行手动机组跳闸。 4）检查系统状态图、电源监视图和网络状态图，确认交换机、控制器和工作站的状态，确认故障原因	如果控制系统电源全部失去或控制系统网络全部瘫痪且无后备监视，则按紧急停机处理	所有被控设备及连锁保护
硬件故障	DCS 运行中单个控制器故障	1）控制器本身故障。 2）控制器电源接头故障。 3）网络连接故障	1）通过系统状态画面找到故障控制器，查看故障控制器的故障信息。 2）检查故障控制器上的指示灯状态。 3）根据系统提示的错误代码，利用 Ovation 故障信息工具软件确认控制器的故障原因，并按照建议步骤执行。 4）若需在线更换故障控制器，则按照操作手册进行更换，并进行控制逻辑下装		
	DCS 运行中一对冗余控制器均故障	1）控制器本身故障。 2）控制器电源故障。 3）网络连接故障	1）通过系统状态画面找到故障控制器，查看故障控制器的故障信息，并对故障控制器做出保护措施。 2）检查故障控制器上的指示灯状态。 3）根据系统提示的错误代码，利用 Ovation 故障信息工具软件确认控制器的故障原因，并按照建议步骤执行。 4）若需在线更换故障控制器，则按照操作手册进行更换，并进行控制逻辑下装	1）MFT 或涉及重要参数无后备监视的重要控制器故障时紧急停机操作。 2）其他情况运行人员减少操作、严密监视。 3）隔离故障控制器所控制的设备、重要信号	故障控制器所控制的设备及连锁保护
	DCS 运行中同一控制器部分 I/O 模件故障	1）I/O 模件损坏。 2）端子底座损坏	1）通过系统状态画面，检查该控制器下的 I/O 模块状态和故障信息。 2）检查故障 I/O 模块的指示灯。 3）根据提示的错误代码，利用 Ovation 故障信息工具软件确认控制器的故障原因，并按建议步骤执行。 4）若需在线更换故障故障 I/O 模块，则根据其信号类型做好相应的保护措施后进行更换	隔离故障子模件所控制的设备、重要信号	故障子模件所控制的设备及连锁保护
	DCS 运行中同一控制器内所有子模件故障	1）主备控制器故障。 2）本机柜电源故障	1）通过系统状态画面，检查该控制器以及其 I/O 模块状态和故障信息。 2）检查控制器、通信模件是否工作正常。 3）根据提示的错误代码，利用 Ovation 故障信息工具软件确认控制器的故障原因，并按照建议步骤执行	1）重要控制器故障时紧急停机操作。 2）要求运行人员减少操作、严密监视。 3）隔离本控制器所控制的设备、重要信号	本控制器所控制的设备及连锁保护
软件故障	不能记录历史数据	1）硬盘空间不足。 2）历史库被删除。 3）标签库配置错误。 4）误删软件系统文件。 5）硬盘部分故障	1）检查硬盘空间，是否硬盘已经占满。 2）检查系统时间是否正确。 3）检查以太网、交换机是否工作正常。 4）检查是否修改了历史数据库的配置	将现有历史数据文件、配置文件等进行备份	无

表 B.1（续）

故障类型	故障现象	可能的故障原因	具体检查处理步骤及注意事项	应采取的安全措施	故障涉及设备及连锁保护
软件故障	工程师站软件故障	1）控制器设置错误或故障。 2）逻辑组态错误。 3）硬盘故障。 4）系统文件被误删	1）无法下装控制器组态： a）检查错误提示和相关的操作建议； b）初始化控制器 CF 卡，重新下装； c）如仍无法下装，就需更换控制器 CF 卡。 2）项目文件无法打开： a）可能由于病毒或不正常关闭项目文件导致数据丢失，应查杀病毒或恢复备份的项目文件。 b）可能由于使用中文操作系统导致数据库异常，应改用英文操作系统。 c）硬盘出现坏道等故障导致，可更换硬盘	初始化控制器前应隔离本控制器所控制的设备、重要信号	本控制器所控制的设备及连锁保护
	Modbus 通信故障	1）通信连接线路异常。 2）通信软件设置异常，包括通信波特率等特性设置不一致	对于通过 LC 卡完成的 ModBus 通信： 1）检查控制器是否工作正常。 2）确认对方接口程序是否工作正常。 3）检查通信连接电缆。 4）通过第三方测试程序和 DCS 侧或对方通信接口机进行通信测试，确认故障位置	隔离通信相关的数据，防止测试数据引起逻辑动作	通信数据相关的设备及连锁保护

附　录　C
控制系统故障操作卡

控制系统及各设备的故障操作卡见表 C.1～表 C.9。

表 C.1　更换控制器电源操作卡

故障现象	操作处理步骤	注意事项和安全措施	涉及设备及连锁保护
系统状态画面电源报警	1）将左上角的电源开关切换到 Off，切断电源。 2）挤压电源连接器每侧的两个锁定卡舌，从电源底部取下电源线，然后向下拉，从插座中取出连接器。 3）松开电源底部的电源锁定部件，轻靠向上抬起电源，将电源从固定架中取出。 4）将替换电源安装到电源固定架上。确保替换电源牢靠地安装到固定架上，然后紧固电源锁定部件。 5）将电源电缆连接到电源前，确保电源开关置于 Off 位置。 6）电源电缆连接器向上按入电源插座，整理好电源线。 7）确保电缆连接器每侧的锁定卡舌已经就位。 8）将电源左上角的电源开关切换到 On 位置，重新通电。 9）查看电源监视图中查看，确认电源指示已经正常	1）同时更换主、辅电源时，请先更换辅助电源。重新安装了辅助电源并打开之后，指示灯会亮起，表明电源已经打开。在取下主电源前，确保辅助电源已就绪。 2）首先将主电源置于 Off，关闭主电源。主电源会故障转移到辅助电源，从而能够在系统不脱机的情况下完成两个电源的更换。安装替换电源，然后重新对电源设备通电	控制器

表 C.2　控制器故障处理操作卡

故障现象	操作处理步骤	注意事项和安全措施	涉及设备及连锁保护
1）操作报警画面出现控制器报警。 2）单个或者冗余控制器报警或者离线	1）通过系统状态画面找到故障控制器，查看故障控制器的数量、是否是成对的控制器出现故障，以及故障信息。 2）如果是冗余控制器出现故障，则先通过控制器诊断画面查看故障原因，并按该控制器相关应急预案执行，待消除故障原因后逐个重启控制器。重新启动后，控制器如果能够投入主控和备用，则进行保护措施恢复；如果仍然是单个故障，则按单个控制器故障处理。 3）如果是单个控制器故障，则通过控制器诊断画面查看故障原因，按本控制器相关应急预案做好准备后，进行控制器清空和下装	首先要确认是单个控制器故障还是冗余控制器故障。如果是冗余控制器故障，处理故障前先进行风险预防措施	1）控制器。 2）该控制器所连接的设备

表 C.3　更换控制器操作卡

故障现象	操作处理步骤	注意事项和安全措施	涉及设备及连锁保护
1）操作报警画面出现控制器报警。 2）单个或者冗余控制器报警或者离线	1）确定需要更换的控制器（处理器模块或者 IOIC 模块）。 2）进入 Ovation 工程师站，对处于主控的控制器完成数据回传（Reconcile）操作和上载（Upload）操作，确保工程师站数据库和控制逻辑建立器（Control Builder）的内容为最新内容。 3）关闭位于控制器背板的故障控制器电源。	1）更换控制器前，必须进行风险预估，做好必要的防范保护措施。 2）更换控制器前，必须进行数据回传和上载操作，确保数据库内容为最新的配置。 3）更换控制器前，必须确认该控制器所产生的点在其他控	控制器

表 C.3（续）

故障现象	操作处理步骤	注意事项和安全措施	涉及设备及连锁保护
1）操作报警画面出现控制器报警。 2）单个或者冗余控制器报警或者离线	4）解锁模块箱上的蓝色内角锁，拔除连接在故障控制器上的线缆并进行标记。 5）从控制器背板上取下旧模块。 6）在控制器背板中安装新模块。 7）使用模块上的蓝色内角锁将其固定在控制器背板上，将刚才拔除的线缆重新连接在新控制器的对应位置。 8）打开控制器背板的控制器电源。 9）进入工程师站，确定已更换的控制器后进行清空和下装，然后启动该控制器。 10）查看系统状态图，查看该控制器是否已经转变为备用状态	制器的使用情况，必要时做好保护措施。 4）更换控制器时，必须先关闭控制器电源。 5）如果要更换控制器中的模块，必须先卸下 IOIC 模块。重新安装时，必须先安装处理器模块	控制器

表 C.4 更换 I/O 模块操作卡

故障现象	操作处理步骤	注意事项和安全措施	涉及设备及连锁保护
1）操作报警画面出现 I/O 模块或者通道报警。 2）相关数据点质量变坏或者超时	1）确认故障 I/O 模件所连接的现场信号，做好风险预控。 2）如果是 DI 或者 AI 模件，则对相应的信号强制退出扫描。 3）如果是 DO 信号，则根据现场输出值选择短接或挑开处理。 4）如果是 AO 信号，则将相应的控制设备切换到就地控制方式。 5）通过解锁电子模块上的蓝色内角锁，卸下电子模块，然后卸下个性模块，从而卸下旧模块。 6）在底板上安装新的特性模块，然后安装电子模块，并使用电子模块上的蓝色内角锁将两个模块固定到底座上。 7）评估输入和输出的当前状态以及当前"实际值"的影响，以便安全移除跳线或强制点值。 8）取消保护措施，恢复到正常状态	1）在热插拔 Ovation I/O 模块前，必须详细了解控制过程、控制逻辑、现场设备信号、控制电源故障模式和 Ovation I/O 模块设置，以及任何其他相关的控制硬件设置。 2）如果确定热插拔某模块是可行的，则确保保持强制点值和/或现场电源跳线的适当设置，以便在执行模块热插拔步骤期间保持系统处于安全状态。 3）确保按照工厂安全程序正确记录强制点值和跳线	I/O 模块所连接的设备

表 C.5 更换 LC 模块操作卡

故障现象	操作处理步骤	注意事项和安全措施	涉及设备及连锁保护
1）操作报警画面出现 LC 模块报警。 2）相关数据点质量变坏或者超时	1）确认需要更换的 LC 卡，做好风险预控。 2）如果 LC 卡为单路通信模式运行，需要明确 LC 卡所通信的数据点是否涉及控制或者保护；如果有，则将这些点强制或者切换为就地操作。 3）如果 LC 卡为冗余通信模式运行，则在更换前确认另一块 LC 卡已经处于主控状态（LED8 点亮）。 4）更换同一型号的 LC 卡，确认模块已经正常供电。 5）连接编程 PC 的串口至 LC 卡的编程口，复制原有的 LC 卡备份文件（内容至少包括 Modbus.exe 程序、配置文件和 Autoexec.bat 批处理文件）至 LC 卡的 RAM 空间；利用 rlcflash.exe 程序复制 LC 卡 RAM 镜像至 LC 卡的闪存。	1）更换 LC 卡前，确认 LC 卡是否为冗余配置。 2）确认 LC 卡通信点所涉及的监控功能，并做好保护措施	LC 模块所连接的通信设备

表 C.5（续）

故障现象	操作处理步骤	注意事项和安全措施	涉及设备及连锁保护
1）操作报警画面出现 LC 模块报警。 2）相关数据点质量变坏或者超时	6）从 I/O 底座上拔出 LC 电子模块，重新启动 LC 卡；或者在编程 PC 上按下 Ctrl+Del+Shift 键重新启动 LC 卡。 7）在编程 PC 上监视 LC 卡已经重新启动，且通信报文正常。 8）进入操作站操作画面，检查 Modbus 通信已经正常工作	1）更换 LC 卡前，确认 LC 卡是否为冗余配置。 2）确认 LC 卡通信点所涉及的监控功能，并做好保护措施	LC 模块所连接的通信设备

表 C.6 更换双路电源切换模块操作卡

故障现象	操作处理步骤	注意事项和安全措施	涉及设备及连锁保护
1）一台或者多台交换机出现电源报警。 2）部分控制器或者操作站的单侧网络出现报警	1）确认故障的 APC 电源分配器，并确认其所影响的交换机。 2）确认受影响交换机的所连接的控制器和上位机，并作出风险预控。 3）进入系统状态图和控制器状态，确认目前活动的网络端口连接在正常的交换机上；如果不是，则小心逐个断开与受影响交换机的网络端口，确认控制器的网络端口成功切换。 4）确认所有受影响交换机的端口都处于备用状态后，逐个断开受影响交换机的电源。 5）更换 APC 电源分配器。 6）连接好受影响交换机的电源。 7）进入系统状态图和控制器状态图，确认网络通信状态恢复正常	更换 APC 电源分配器前，确认受影响的交换机，并确认其网络端口处于备用状态	交换机

表 C.7 更换远程 I/O 节点操作卡

故障现象	操作处理步骤	注意事项和安全措施	涉及设备及连锁保护
1）远程 I/O 通信节点报警。 2）远程 I/O 数据点质量变坏或者超时	1）确认需要更换的 MAU 或者 RNC 模块，并确认与其冗余的另一模块正常运行。 2）确认远程 I/O 所连接的设备，做好风险预控。 3）更换故障的 MAU 或者 RNC 模块。 4）进入系统状态画面，确认新模块已经正常运行	1）更换远程 I/O 节点前，确认与其冗余的另一模块运行正常。 2）确认远程 I/O 节点的监控功能，做好风险预估	远程 I/O 节点所连接的设备

表 C.8 数据点强制操作卡

故障现象	操作处理步骤	注意事项和安全措施	涉及设备及连锁保护
	1）确认需要强制的数据点名。 2）进入操作画面，单击鼠标右键，选择"Point Information 点信息"，或者直接进入"Point Information 程序"。 3）进入"Value/Status 值/状态"属性页，在"Scan 扫描"项，选择"Off 关闭"，并确认修改	1）需要将开关量保持当前状态时，直接退出扫描即可，不需要强制，防止由于误操作而导致设备异常。 2）若需要将开关量翻转，则必须强制，即使强制错误，也有改正的机会。所以，保持时退出扫描，翻转时执行强制。	强制的数据点所影响的设备

表 C.8（续）

故障现象	操作处理步骤	注意事项和安全措施	涉及设备及连锁保护
	1）确认需要强制的数据点名。 2）进入操作画面，单击鼠标右键，选择"Point Information 点信息"，或者直接进入"Point Information 程序"。 3）进入"Value/Status 值/状态"属性页，在"Scan 扫描"项，选择"Off 关闭"，并确认修改	3）恢复时，严禁使用批处理工具进行恢复，防止将不应该恢复的点恢复到扫描状态。另外，在退出扫描或强制工作执行完毕后，至少应等待 30s，再一次查看该点状态，确认状态正确	强制的数据点所影响的设备

表 C.9　更换交换机操作卡

故障现象	操作处理步骤	注意事项和安全措施	涉及设备及连锁保护
1）系统状态图出现网络设备报警。 2）网络状态图出现网络设备和网络端口报警	1）拔下故障交换机的线缆，并进行标记。 2）为新交换机装入内核文件和配置文件，必须保证内核版本和配置文件内容与故障交换机完全一致。 3）安装交换机，并根据标记将网络线缆插入原先的位置。 4）上电启动。在新交换机上标注内核文件和配置文件的版本	1）网络交换机的每个端口都有具体定义，不要随便更换网络线缆的端口。 2）新的网络交换机都需要保持和被换下的交换机配置文件相同。 3）不允许直接更换未经配置的交换机	交换机所连接的设备

附 录 D
一级故障现场应急处置预案

D.1 DCS 全部电源失去应急处置预案

D.1.1 故障现象

D.1.1.1 运行检查

1）运行操作站显示器全部变为黑屏且独立的 DCS 供电电源监视信号失电报警。

2）所有操作员键盘指示灯均熄灭。

D.1.1.2 热控检查

1）工程师站电源失去，显示器全部失电显示为黑屏。

2）电子间内电源柜电源失去，电源指示为零。

3）DCS 所有模件柜指示灯熄灭，主机柜内控制器电源、交换机、控制器的所有指示灯均熄灭。

D.1.2 故障原因

DCS 供电双路电源，即 UPS Ⅰ段电源和 UPS Ⅱ段电源全部失去。

D.1.3 故障后果

DCS 停止工作，锅炉跳闸，失去对机组的控制。

D.1.4 故障处理

D.1.4.1 运行处理

1）运行人员应立即按照紧急停机事故预案进行设备的检查和停运。

2）为确保机组跳闸正常，运行人员在操作盘上手动掀开锅炉 MFT、汽轮机跳闸、发电机跳闸，并按下。

3）运行人员根据后备监视手段，有针对性地进行现场检查：

a）确认磨煤机、一次风机跳闸，燃油快关阀关闭，切断进入炉膛的燃料。

b）确认高中压主汽阀、调节阀以及抽气止回阀确已关闭，汽轮机转速连续下降，就地检查交流油泵、顶轴油泵，如不能正常启动，则就地启动交流油泵、顶轴油泵。

c）确认发电机出口断路器断开，确认发动机灭磁开关已分闸，否则手动灭磁。

d）确认给水泵汽轮机已停运，否则手动停止给水泵汽轮机。

e）对炉膛吹扫 5min 后，就地手掀送风机、引风机事故按钮，成对同时停止送风机、引风机。

D.1.4.2 维护处理

1）热控人员将所有控制器电源开关关闭，然后检查电源柜进线电源是否为 220V AC；如果进线电压为零，则通知电气恢复电源，并将网络柜电源和电源柜电源开关关闭。

2）如果进线电源为正常的 220V AC，热控人员检查 DCS 电源柜内送各机柜空气开关状态，并用万用表检查到各机柜电源出线是否有接地或者短路现象，若有，则检查并消除故障点。

3）热控人员进行 DCS 接地和绝缘检查，确认状态正常后，汇报值长准备进行 DCS 上电。

4）值长确认后，进行 DCS 上电：

a）首先打开电源柜电源开关，检查电压指示是否正常。

b）打开网络柜电源开关，检查网络交换机是否正常启动。

c）进入工程师站，通过系统状态图、电源监视图和网络状态图检查系统是否已经正常上电。

d）打开控制器电源开关，检查控制器是否正常启动。

D.2 DCS 网络全部瘫痪应急处置预案

D.2.1 故障现象

D.2.1.1 运行检查

1）控制系统所有操作员站可以显示画面，但流程图画面显示非常缓慢。

2）控制系统所有操作员站可以显示画面，但数据显示严重超时，或全部参数不更新。

D.2.1.2 热控检查

1）交换机柜内交换机对应端口指示灯熄灭或者黄色闪烁。

2）工程师站的系统监视画面中交换机全部端口图标显示为黄色或者红色。

3）交换机柜内交换机电源指示灯熄灭。

D.2.2 故障原因

1）由软硬件故障所引起的网络风暴，导致网络瘫痪。

2）交换机电源失去。

3）通信模块均故障。

D.2.3 故障后果

通信阻塞，或所有交换机故障，DCS 各个控制器仍能独立运行，但无法与其他控制器进行通信，无法进行操作和显示。

D.2.4 故障处理

D.2.4.1 运行处理

1）当锅炉和汽轮机为一体化控制系统且重要参数有后备监视时，根据参数的后备监视判断控制器工作状况。若后备监视参数显示异常变化，或虽正常，但热控处理短时间网络无法恢复正常，则运行人员在操作盘上手动掀开锅炉 MFT、汽轮机跳闸、发电机跳闸按钮，并按下。

2）如 DEH 为独立系统，运行人员应立即检查 DEH 画面相关参数显示，如异常或者虽然正常但短时间 DCS 网络故障无法恢复，则运行人员在操作盘上手动掀开锅炉 MFT、汽轮机跳闸、发电机跳闸按钮，并按下。

3）运行人员根据后备监视手段，有针对性地进行现场检查：

a）确认磨煤机、一次风机跳闸，燃油快关阀关闭，切断进入炉膛的燃料。

b）确认高中压主汽阀、调节阀以及抽气确已关闭，汽轮机转速连续下降，就地检查交流油泵、顶轴油泵，如不能正常启动，则就地启动交流油泵、顶轴油泵。

c）确认发电机出口断路器断开，确认发动机灭磁开关已分闸，否则手动灭磁。

d）确认给水泵汽轮机已停运，否则手动停止给水泵汽轮机。

4）运行人员对炉膛吹扫 5min 后，就地手掀送风机、引风机事故按钮，成对同时停止送风机、引风机。

D.2.4.2 维护处理

1）热控人员检查交换机柜内交换机状态：

a）如交换机电源指示灯熄灭，检查双路电源切换装置的状态是否正常。

b）如果切换装置进线侧没有电源输入，则继续检查电源柜中相应的电源开关，查找原因，恢复供电。

c）如果切换装置进线侧电压正常，但没有出线电压，则更换电源切换装置。

2）如果网络柜电源正常，则迅速切断所有的、接入 IP 交换机或者控制器的、以太网方式的第三方通信连接，看网络是否能够恢复正常；如果仍然无法恢复正常，则通知值长停机，及时联系 Ovation 技术人员进行处理。

D.3 DCS 全部操作员站失去监控应急处置预案

D.3.1 故障现象

D.3.1.1 运行检查

1）集控室内全部操作员站数据显示成黑屏，无任何过程画面。

2）集控室内全部操作员站可以显示画面，但数据显示为超时，无法更新。

3）火焰工业电视、火检信号正常。

D.3.1.2 热控检查

1）工程师站的系统监视画面上部分或者全部工作站或者控制器显示离线。

2）交换机柜内交换机部分端口指示灯熄灭，或者变为黄色。

3）操作员站电源双路切换开关电源指示灯熄灭。

D.3.2 故障原因

1）控制系统电源全部失去。

2）控制系统网络瘫痪。

3）与操作员站相关的冗余交换机故障。

4）仅操作员站电源全部失去。

D.3.3 故障后果

1）如果是控制系统电源全部失去，会导致机组跳闸，见"控制器全部电源失去预案"。

2）如果是控制系统网络全部瘫痪，各对控制器仍然能够独立运行，但会失去控制器之间的通信。为保证机组运行安全，此时应执行手动机组跳闸。

3）如果是控制系统网络部分瘫痪，则需要确认无法相互通信的控制器的控制对象范围来判断可能的故障后果，按照网络部分瘫痪预案执行。

4）仅操作员站失去时，DCS 各控制器仍然保持正常工作，操作员站虽失去监视和操作，但工程师站/历史站仍能进行监视和操作。

D.3.4 故障处理

D.3.4.1 运行处理

1）通知热控人员检查 DCS 电源柜和网络柜，判断 DCS 电源和网络状况。

a）如果控制系统电源全部失去，则按照"D.1 DCS 电源全部失去应急处置预案"进行处理。

b）如果是控制系统网络全部瘫痪，则按照"D.2 DCS 网络全部瘫痪应急处置预案"进行处理。

c）如果是控制系统网络部分瘫痪，则按照"E.2 DCS 网络局部故障应急处置预案"进行处理。

2）如果仅操作员站电源失去或者仅操作员站网络故障，工程师站和控制器运行和通信正常，则利用应急操作站进行操作，并保持机组稳定，减少不必要的操作。若无后备监控手段，则运行人员执行紧急停机。

D.3.4.2 维护处理

1）了解设备情况，如果属于电源全部失去、网络瘫痪原因，则按照相应的预案执行。

2）如果仅操作员站故障，而工程师站和控制器运行和通信都正常，则按照"F.1 部分操作员站失去监控应急处置预案"进行处理。

D.4 DROP01/51 控制站严重故障应急处置预案

D.4.1 故障现象

D.4.1.1 运行检查

1）锅炉保护 MFT 动作跳闸但无首出原因，控制器电源监视图中 DROP01/51 控制柜两路电源均显示"红色"报警。锅炉风烟系统画面上（画面编号 3004）3 点大量程的炉膛负压、冷却风机画面上（画面编号 3007）部分数据、燃油系统画面上（画面编号 3029）部分数据显示坏质量或"T"字样，运行人员无法监视和操作燃油快关阀，回油快关阀。

2）锅炉保护 MFT 未动作跳闸，锅炉风烟系统画面上（画面编号 3004）3 点大量程的炉膛负压、冷却风机画面上（画面编号 3007）部分数据、燃油系统画面上（画面编号 3029）部分数据显示坏质量或"T"字样，运行人员无法监视和操作火检冷却风机、燃油快关阀和回油快关阀。

3）系统状态画面中 DROP01 和 DROP51 图符颜色均显示不正常，出现"灰色"（表示控制器失电或离线）、"橘黄色"（表示控制器故障）、"紫色"（表示需运行人员关注）。

D.4.1.2 热控检查

1）查看系统状态画面和故障控制器状态画面中的具体错误信息和故障代码。

2）至相应控制柜查看故障控制器的电源状态。

3）至相应控制柜查看故障控制器的显示灯状态。

4）至相应控制柜查看故障控制器的网络连接情况。

D.4.2 故障原因

1）DROP01 和 DROP51 控制柜电源失去。

2）DROP01 和 DROP51 一对控制器电源失去。

3）DROP01 和 DROP51 一对控制器软硬件故障。

4）DROP01 和 DROP51 一对控制器失去网络连接。

D.4.3 故障后果

1）DROP01 和 DROP51 控制柜电源失去，则锅炉主保护动作电磁阀失电断开，触发锅炉 MFT。机组跳闸设备为所有磨煤机、给煤机、一次风机，关闭的阀门为磨煤机出口门，减温水电动门、燃油快关阀、回油快关阀及各油角阀。

2）DROP01 和 DROP51 一对控制器故障，DCS 其他控制器仍然保持正常工作。由于锅炉主保护动作继电器保持原先的闭合状态，因此主保护不动作，但保护逻辑无法自动实现，相当于锅炉保护全部切除，机组失去 MFT 保护。

3）DROP01 和 DROP51 一对控制器故障，DCS 其他控制器仍然保持正常工作，但火检冷却风机、燃油系统无法进行监视和操作。

D.4.4 故障处理

D.4.4.1 运行处理

1）运行人员应立即检查锅炉 MFT 保护，如果已经跳闸，则按照紧急停机事故预案进行设备的检查和停运。另外，为确保锅炉正确跳闸，运行人员应在操作盘上手动按下锅炉 MFT 按钮。

2）若锅炉 MFT 保护没有跳闸，热控人员根据该控制器状态指标灯、故障报警信号、相关的控制器状态，确认为控制器 DROP01 和 DROP51 控制器全部故障后，运行人员在操作盘上手动按下锅炉 MFT 按钮，按紧急停炉处理。

D.4.4.2 维护处理

1）对故障控制器的处理详见"B.2 控制器故障诊断与处理流程图"及相关操作卡。

2）至 MFT 柜检查 MFT 动作电磁阀和复位电磁阀是否正常。

D.4.5 重要输出信号列表

DROP01/51 控制器涉及锅炉 MFT 控制逻辑以及火检冷却风机、燃油快关阀和回油阀等控制设备，其重要输出信号见表 D.1。

表 D.1 DROP01/51 控制器重要输出信号列表

序号	信号编码	机柜号	模件类型	模件位置	通道号	信号描述	备注
1	10CRA00CJJ31S304	CTRL01	DOC	1.4.2	9	Fire on（TO BYPASS）	
2	10HJF01AA001XB11	CTRL01	DOC	1.4.2	1	进油母管燃油关断阀开指令	
3	10HJF01AA101XQ01	CTRL01	AO	1.1.2	1	进油母管燃油调节阀控制指令	
4	10HJF02AA001XB11	CTRL01	DOC	1.4.2	4	回油母管燃油关断阀开指令	
5	10HHQ10AN001XB11	CTRL01	DOX	1.4.1	3	扫描冷却风机 1A 合闸命令	
6	10HHQ10AN001XB12	CTRL01	DOX	1.4.1	4	扫描冷却风机 1A 分闸命令	
7	10HHQ10AN002XB11	CTRL01	DO	1.3.2	1	扫描冷却风机 1B 合闸命令	
8	10HHQ10AN002XB12	CTRL01	DO	1.3.2	2	扫描冷却风机 1B 分闸命令	
9	10MFT00EY001	CTRL01	DOX	1.4.1	1	MFT 动作 1	
10	10MFT00EY002	CTRL01	DOX	1.3.7	1	MFT 动作 2	
11	10MFT00EY003	CTRL01	DOX	1.2.7	1	MFT 动作 3	
12	10MFT00RE001	CTRL01	DOX	1.4.1	2	MFT 复位指令 1	
13	10MFT00RE002	CTRL01	DOX	1.3.7	2	MFT 复位指令 2	
14	10MFT00RE003	CTRL01	DOX	1.2.7	2	MFT 复位指令 3	

D.5 DROP06/56 控制站严重故障应急处置预案

D.5.1 故障现象

D.5.1.1 运行检查

1）汽轮机已跳闸，无首出原因或者首出原因为"硬件故障"，控制器电源监视图中 DROP06/56 控制柜两路电源均显示"红色"报警。

2）汽轮机轴承监测系统画面上（画面编号 2408）轴向位移、轴承绝对振动、轴承温度、凝汽器压力等参数显示坏质量或者"T"字样，运行人员无法监视这些参数及其他汽轮机 TSI 参数。

3）ETS 监测系统画面上（画面编号 2451）一些汽轮机凝汽器压力、低压缸前连通管蒸汽压力、发电机定子冷却水流量、发电机氢冷温度等参数显示坏质量或者"T"字样，运行人员无法监视这些参数，无法对高压主汽门、中压主汽门、高压调门、中压调门、补汽阀等阀门的关闭电磁阀、冷再热止回阀电磁阀、高压缸排汽通风阀电磁阀等设备进行操作和监视。

4）系统状态画面中 DROP06 和 DROP56 图符颜色均显示不正常，出现"灰色"（表示控制器失电或离线）、"橘黄色"（表示控制器故障）、"紫色"（表示需运行人员关注）。

D.5.1.2　热控人员检查

1）查看系统状态画面和故障控制器状态画面中的具体错误信息和故障代码。

2）至相应控制柜查看故障控制器的电源状态。

3）至相应控制柜查看故障控制器的显示灯状态。

4）至相应控制柜查看故障控制器的网络连接情况。

D.5.2　故障原因

1）DROP06 和 DROP56 控制柜电源失去。

2）DROP06 和 DROP56 一对控制器电源失去。

3）DROP06 和 DROP06 一对控制器软硬件故障。

4）DROP06 和 DROP06 一对控制器失去网络连接。

D.5.3　故障后果

1）若 DROP06 和 DROP56 控制柜失电，则将使高、中压主汽门的跳闸电磁阀失电，使高、中压主汽门快速关闭，同时也会使高压调门、中压调门和过载阀的所有跳闸电磁阀失电，高压调门、中压调门和过载阀迅速关闭。

2）DROP06 和 DROP56 控制站故障，将无法监视轴向位移、轴承绝对振动、轴承温度、凝汽器压力、低压缸连通管蒸汽压力、发电机定子冷却水流量、发电机氢冷温度等重要参数。

3）DROP06 和 DROP56 控制站故障，会导致无法对高压主汽门、中压主汽门、高压调门、中压调门、补汽阀等阀门的关闭电磁阀、冷再热止回阀电磁阀、高压缸排汽通风阀电磁阀等设备进行操作和监视，也无法实现汽轮机重要参数的跳闸保护。

D.5.4　故障处理

D.5.4.1　运行处理

1）应立即检查汽轮机状态，如果已经跳闸，则按照紧急停机事故预案进行设备的检查和停运。另外，为确保汽轮机 DEH 已经跳闸，运行人员应在操作盘上手动按下手动遮断按钮。

2）若汽轮机 ETS 保护没有跳闸，在热控人员确认控制器 DROP06 和 DROP56 全部故障后，虽然有 BRAUN 表硬件转速保护跳闸回路，但汽轮机仍将处于无重要设备参数软跳闸保护状态，设备安全将受到严重威胁，运行人员应在操作盘上手动按下汽轮机跳闸按钮，按紧急停机处理。

3）运行人员确认汽轮机已经跳闸，检查高、中压主汽阀，调节阀补汽阀，以及抽气止回阀确已关闭，汽轮机转速连续下降，检查交流油泵工作正常；润滑油压正常；确认发电机出口断路器断开，发电机与电网解列；确认发动机灭磁开关已分闸，否则手动灭磁。

D.5.4.2 维护处理

1）对故障控制器的处理详见"B.2 控制器故障诊断和处理图"及相关操作卡。

2）至 ETS 柜检查主汽门、调节阀关闭电磁阀是否正常。

D.5.5 重要输出信号列表

DROP06/56 控制器为 ETS 保护控制器，主要涉及高中压主汽门的关闭电磁阀和方向电磁阀，高中压调门的关闭电磁阀，补汽阀关闭电磁阀、冷再热止回阀电磁阀、高压缸排汽通风阀电磁阀等 ETS 跳闸设备，其重要输出信号见表 D.2。

表 D.2 DROP06/56 控制器重要输出信号列表

序号	描 述	类别	机 柜	模件位置	通道号
1	1 号主汽门油动机关闭电磁阀 1	DO	CTRL06/56	A3	1
2	2 号主汽门油动机关闭电磁阀 1	DO	CTRL06/56	A3	2
3	1 号再热主汽门油动机关闭电磁阀 1	DO	CTRL06/56	A3	3
4	2 号再热主汽门油动机关闭电磁阀 1	DO	CTRL06/56	A3	4
5	1 号冷再热止回阀电磁阀 1	DO	CTRL06/56	A3	5
6	2 号冷再热止回阀电磁阀 1	DO	CTRL06/56	A3	6
7	FORCEDO/SPROT TRIP INIT（至 BRAUN 1）	DO	CTRL06/56	A3	7
8	FORCEDO/SPROT TRIP INIT（至 BRAUN 1）	DO	CTRL06/56	A3	8
9	FORCEDO/SPROT TRIP INIT（至 BRAUN 1）	DO	CTRL06/56	A3	9
10	应答测试（至 BRAUN 1）	DO	CTRL06/56	A3	10
11	1 号调节阀油动机关闭电磁阀 1	DO	CTRL06/56	A4	1
12	2 号调节阀油动机关闭电磁阀 1	DO	CTRL06/56	A4	2
13	1 号再热调门油动机关闭电磁阀 1	DO	CTRL06/56	A4	3
14	2 号再热调门油动机关闭电磁阀 1	DO	CTRL06/56	A4	4
15	补汽阀油动机关闭电磁阀 1	DO	CTRL06/56	A4	5
16	高压缸排汽通风阀电磁阀 1	DO	CTRL06/56	A4	6
17	1 号主汽门油动机方向阀	DO	CTRL06/56	A4	7
18	1 号再热主汽门油动机方向阀	DO	CTRL06/56	A4	8
19	1 号主汽门油动机关闭电磁阀 1	DO	CTRL06/56	B2	1
20	2 号主汽门油动机关闭电磁阀 1	DO	CTRL06/56	B2	2
21	1 号再热主汽门油动机关闭电磁阀 1	DO	CTRL06/56	B2	3
22	2 号再热主汽门油动机关闭电磁阀 1	DO	CTRL06/56	B2	4
23	1 号冷再热止回阀电磁阀 1	DO	CTRL06/56	B2	5
24	2 号冷再热止回阀电磁阀 1	DO	CTRL06/56	B2	6

表 D.2（续）

序号	描　　述	类别	机　柜	模件位置	通道号
25	FORCEDO/SPROT TRIP INIT（至 BRAUN 2）	DO	CTRL06/56	B2	7
26	FORCEDO/SPROT TRIP INIT（至 BRAUN 2）	DO	CTRL06/56	B2	8
27	FORCEDO/SPROT TRIP INIT（至 BRAUN 2）	DO	CTRL06/56	B2	9
28	应答测试（至 BRAUN 2）	DO	CTRL06/56	B2	10
29	1 号调节阀油动机关闭电磁阀 1	DO	CTRL06/56	B1	1
30	2 号调节阀油动机关闭电磁阀 1	DO	CTRL06/56	B1	2
31	1 号再热调门油动机关闭电磁阀 1	DO	CTRL06/56	B1	3
32	2 号再热调门油动机关闭电磁阀 1	DO	CTRL06/56	B1	4
33	补汽阀油动机关闭电磁阀 1	DO	CTRL06/56	B1	5
34	高压缸排汽通风阀电磁阀 1	DO	CTRL06/56	B1	6
35	2 号主汽门油动机方向阀	DO	CTRL06/56	B1	7
36	2 号再热主汽门油动机方向阀	DO	CTRL06/56	B1	8
37	1 号主汽门油动机关闭电磁阀 2	DO	EXT06-1	A1	1
38	2 号主汽门油动机关闭电磁阀 2	DO	EXT06-1	A1	2
39	1 号再热主汽门油动机关闭电磁阀 2	DO	EXT06-1	A1	3
40	2 号再热主汽门油动机关闭电磁阀 2	DO	EXT06-1	A1	4
41	1 号冷再热止回阀电磁阀 2	DO	EXT06-1	A1	5
42	2 号冷再热止回阀电磁阀 2	DO	EXT06-1	A1	6
43	汽轮机遮断系统遮断 1	DO	EXT06-1	A1	7
44	汽轮机遮断系统遮断 2	DO	EXT06-1	A1	8
45	汽轮机遮断系统遮断 3	DO	EXT06-1	A1	9
46	发电机断水保护动作 1	DO	EXT06-1	A1	10
47	1 号调节阀油动机关闭电磁阀 2	DO	EXT06-1	A2	1
48	2 号调节阀油动机关闭电磁阀 2	DO	EXT06-1	A2	2
49	1 号再热调门油动机关闭电磁阀 2	DO	CTRL06/56	A2	3
50	2 号再热调门油动机关闭电磁阀 2	DO	EXT06-1	A2	4
51	补汽阀油动机关闭电磁阀 2	DO	EXT06-1	A2	5
52	高压缸排汽通风阀电磁阀 2	DO	EXT06-1	A2	6
53	汽轮机遮断系统遮断 4	DO	EXT06-1	A2	7
54	汽轮机遮断系统遮断 5	DO	EXT06-1	A2	8
55	汽轮机遮断系统遮断 6	DO	EXT06-1	A2	9
56	发电机断水保护动作 2	DO	EXT06-1	A2	10

表 D.2（续）

序号	描 述	类别	机柜	模件位置	通道号
57	1 号主汽门油动机关闭电磁阀 2	DO	EXT06-1	B8	1
58	2 号主汽门油动机关闭电磁阀 2	DO	EXT06-1	B8	2
59	1 号再热主汽门油动机关闭电磁阀 2	DO	EXT06-1	B8	3
60	2 号再热主汽门油动机关闭电磁阀 2	DO	EXT06-1	B8	4
61	1 号冷再热止回阀电磁阀 2	DO	EXT06-1	B8	5
62	2 号冷再热止回阀电磁阀 2	DO	EXT06-1	B8	6
63	汽轮机遮断系统遮断 7	DO	EXT06-1	B8	7
64	汽轮机遮断系统遮断 8	DO	EXT06-1	B8	8
65	汽轮机遮断系统遮断 9	DO	EXT06-1	B8	9
66	发电机断水保护动作 3	DO	EXT06-1	B8	10
67	1 号调节阀油动机关闭电磁阀 2	DO	EXT06-1	B7	1
68	2 号调节阀油动机关闭电磁阀 2	DO	EXT06-1	B7	2
69	1 号再热调门油动机关闭电磁阀 2	DO	EXT06-1	B7	3
70	2 号再热调门油动机关闭电磁阀 2 号	DO	EXT06-1	B7	4
71	补汽阀油动机关闭电磁阀 2	DO	EXT06-1	B7	5
72	高压缸排汽通风阀电磁阀 2	DO	EXT06-1	B7	6
73	汽轮机遮断系统遮断 10	DO	EXT06-1	B7	7
74	汽轮机遮断系统遮断 11	DO	EXT06-1	B7	8

D.6 DROP07/57 控制站严重故障应急处置预案

D.6.1 故障现象

D.6.1.1 运行检查

1）汽轮机失电报警，汽轮机跳闸。

2）汽轮机控制画面上（画面编号 2401）汽轮机转速、汽轮机功率及汽轮机高、中压调门开度显示坏质量或者"T"字样，运行人员无法监视这些参数；无法对汽轮机调节阀进行操作，也无法对 DEH 进行设定值和相关状态切换等操作。

3）汽轮机控制总貌画面上（画面编号 2402）主蒸汽压力、再热蒸汽压力、主蒸汽温度等参数显示坏质量或者"T"字样，运行人员无法监视这些参数的变化。

4）汽轮机阀门试验画面上（画面编号 2404）各调节阀开度等所有模拟量点显示坏质量或者"T"字样，运行人员无法监视画面上参数变化，无法对任何一个阀门进行试验。

5）无法调功率或功率大幅度波动。

6）系统状态画面中 DROP07 和 DROP57 图符颜色均显示不正常，出现"灰色"（表示控制器失电或离线）、"橘黄色"（表示控制器故障）、"紫色"（表示需运行人员关注）。

D.6.1.2 热控检查

1）查看系统状态画面和故障控制器状态画面中的具体错误信息和故障代码。

2）至相应控制柜查看故障控制器的电源状态。

3）至相应控制柜查看故障控制器的显示灯状态。

4）至相应控制柜查看故障控制器的网络连接情况。

D.6.2 故障原因

1）DROP07 和 DROP57 控制柜电源失去。

2）DROP07 和 DROP57 一对控制器电源失去。

3）DROP07 和 DROP57 一对控制器软硬件故障。

4）DROP07 和 DROP57 一对控制器失去网络连接。

D.6.3 故障后果

DROP07 和 DROP57 一对控制器故障，DCS 其他控制器均工作正常，该控制柜内所有模件失电，汽轮机转速、功率及 DEH 调节阀开度失去控制，运行人员无法对 DEH 设定值和相关状态进行切换，操作不当可能危及设备安全。

D.6.4 故障处理

D.6.4.1 运行处理

1）应立即检查汽轮机是否已经跳闸，如果已经跳闸，则按照紧急停机事故预案进行设备的检查和停运。另外，为确保汽轮机 DEH 已经跳闸，运行人员应在操作盘上手动按下手动遮断按钮。

2）在确认 DROP07 和 DROP57 控制站故障后，应立即退出 AGC 和一次调频。如功率大幅度波动，运行按下操作盘上的手动遮断按钮，按紧急停机处理，同时汇报调度。其他情况，通知热控人员检查，并要求运行人员减少操作。维持机组稳定，并密切监视汽轮机转速、功率和汽轮机阀门开度等参数的变化，同时汇报调度。如在短时间内无法恢复，则按下操作盘上的手动遮断按钮，按紧急停机处理。

3）运行人员在确认机组跳闸后，应加强对主蒸汽温度和主蒸汽压力的监测，并确认汽轮机转速连续降低，确认发电机出口断路器已经断开，发电机与电网已经解列，就地检查高、中压主汽门，高、中压调门是否已经关闭；同时，应检查顶轴油泵、盘车是否启动，并检查本体疏水门、抽汽管道疏水门是否开启。

D.6.4.2 维护处理

对故障控制器的处理详见"B.2 控制器故障诊断与处理流程图"及相关操作卡。

D.6.5 重要输出信号列表

DROP07/57 控制器为 DEH 的基本控制器，主要涉及汽轮机转速、负荷控制，以及与 DCS 间的联络信号，重要输出信号见表 D.3。

表 D.3　DROP07/57 控制器重要输出信号列表

序号	信号编码	机柜号	模件类型	模件位置	通道	信号描述	备注
1	50MAA12CG151	CTRL07/57	VP	1.1.4		1 号高压调门阀位	
2	50MAA12AA012	CTRL07/57	VP	1.1.4		1 号高压调门指令 1	
3	50MAA22CG151	CTRL07/57	VP	1.1.5		2 号高压调门阀位	
4	50MAA22AA012	CTRL07/57	VP	1.1.5		2 号高压调门指令 1	
5	50MAB12CG151	CTRL07/57	VP	1.1.6		1 号中压调门阀位	
6	50MAB12AA012	CTRL07/57	VP	1.1.6		1 号中压调门指令 1	

表 **D.3**（续）

序号	信号编码	机柜号	模件类型	模件位置	通道	信 号 描 述	备注
7	50MAB22CG151	CTRL07/57	VP	1.1.7		2 号中压调门阀位	
8	50MAB22AA012	CTRL07/57	VP	1.1.7		2 号中压调门指令 1	
9	50MAA14CG151	CTRL07/57	VP	1.1.8		过载阀阀位	
10	50MAA14AA012	CTRL07/57	VP	1.1.8		补汽阀指令	
11	50MAA12CG151	CTRL07/57	VP	1.2.5		1 号高压调门阀位	
12	50MAA12AA012B	CTRL07/57	VP	1.2.5		1 号高压调门指令 2	
13	50MAA22CG151	CTRL07/57	VP	1.2.4		2 号高压调门阀位	
14	50MAA22AA012B	CTRL07/57	VP	1.2.4		2 号高压调门指令 2	
15	50MAB12CG151	CTRL07/57	VP	1.2.3		1 号中压调门阀位	
16	50MAB12AA012B	CTRL07/57	VP	1.2.3		1 号中压调门指令 2	
17	50MAB22CG151	CTRL07/57	VP	1.2.2		2 号中压调门阀位	
18	50MAB22AA012B	CTRL07/57	VP	1.2.2		2 号中压调门指令 2	
19	50MYA01CS011	CTRL07/57	SS	1.1.1	1	汽轮机转速 1	
20	50MYA01CS012	CTRL07/57	SS	1.2.8	1	汽轮机转速 2	
21	50MYA01CS013	CTRL07/57	SS	1.3.1	1	汽轮机转速 3	
22	50MYA01DP010-XQ01	CTRL07/57	AO	1.1.3	1	压力设定参考 1	
23	50MYA01DE010-XQ98	CTRL07/57	AO	1.1.3	2	负荷设定参考 1	
24	50MAY01CS901-XQ01	CTRL07/57	AO	1.1.3	3	汽轮机实际转速	
25	50MYA01DP010-XQ02	CTRL07/57	AO	1.2.6	1	压力设定参考 2	
26	50MYA01DE010-XQ99	CTRL07/57	AO	1.2.6	2	负荷设定参考 2	
27	50MYA01DU011-XQ01	CTRL07/57	AO	1.3.3	1	升负荷率（MW/min）	
28	50MYA01DU011-XQ02	CTRL07/57	AO	1.3.3	2	降负荷率（MW/min）	
29	50MAA11FG051-XH52	CTRL07/57	DO	1.4.1	1	1 号主汽门关闭	
30	50MAB11FG051-XH52	CTRL07/57	DO	1.4.1	2	1 号再热主汽门关闭	
31	50MAA12FG151-XH52	CTRL07/57	DO	1.4.1	3	1 号高压调门关闭	
32	50MAB12FG151-XH52	CTRL07/57	DO	1.4.1	4	1 号再热调门关闭	
33	50MYA01DU050-XT01	CTRL07/57	DO	1.4.1	5	负荷控制投入	
34	50MAY10DE001-XT52	CTRL07/57	DO	1.4.1	6	负荷控制投入（协调方式）	
35	50MYA01CS001-XH80	CTRL07/57	DO	1.4.1	7	汽轮机转速大于 2950r/min	
36	50MAA21FG051-XH52	CTRL07/57	DO	1.4.2	1	2 号主汽门关闭	
37	50MAB21FG051-XH52	CTRL07/57	DO	1.4.2	2	2 号再热主汽门关闭	
38	50MAA22FG151-XH52	CTRL07/57	DO	1.4.2	3	2 号高压调门关闭	
39	50MAB22FG151-XH52	CTRL07/57	DO	1.4.2	4	2 号再热调门关闭	
40	50MYA01DP011-XT01	CTRL07/57	DO	1.4.2	5	限压控制方式投入	
41	50MYA01DP011-XT02	CTRL07/57	DO	1.4.2	6	初压控制方式投入	

附 录 E
二级故障现场应急处置预案

E.1 DCS 单路电源失去应急处置预案

E.1.1 故障现象
E.1.1.1 运行检查
集控室操作员站的电源监视画面，提示 DCS 单路电源失去。
E.1.1.2 热控检查
1）检查电源监视画面（见图 E.1），查看是否所有控制器的一路电源失去（图中电源状态绿色代表正常，红色代表电源故障）。

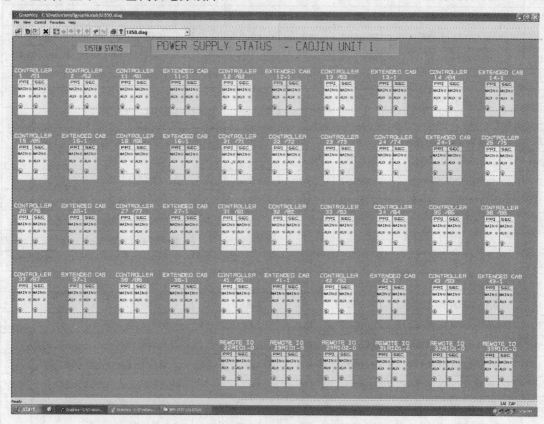

图 E.1 电源监视画面

2）DCS 电源柜电源电压表指示为零，而且 DCS 电源柜指示灯熄灭，则用万用表测量进线电压；如果进线电压为零，则 UPS 供电电源失去，通知电气检查，否则检查进线开关。

E.1.2 故障原因
1）DCS 电源柜单路电源故障。
2）UPS Ⅰ段供 DCS220V AC 电源失去。
3）UPS Ⅱ段供 DCS220V AC 电源失去。

E.1.3 故障后果

1) 单路电源失去时，DCS 各控制器仍然保持正常工作，操作员站可以正常监视和操作。

2) 故障处理时，可能造成 DCS 全部电源失去，导致机组跳闸。

E.1.4 故障处理

E.1.4.1 运行处理

1) 值长立即汇报调度，通知运行人员加强监视，维持负荷稳定。

2) 立即通知热控人员检查。

3) 运行人员加强监视，做好 DCS 系统全部电源失去导致机组跳闸的事故预想。

4) 如果机组的大量辅机电流信号坏质量，同时所有控制器的一个电源故障，则表明 DCS 单路 UPS 电源失去，应通知电气检查并恢复。

E.1.4.2 维护处理

1) 热控人员检查电源柜、主机柜，发现现象与单路电源失去故障一致，立即通知值长，做好数据的监视，等待热控人员检查后的进一步通知。

2) 热控人员检查 DCS 电源柜内电源电压表指示，判断电源进线是否正常。若进线电压不正常，则通知电气检查并恢复。检修前需断开已失电的 DCS 电源柜空气开关及控制器电源开关，检修结束后逐级恢复。

3) 如果进线电压正常，则表明 DCS 单路电源故障；然后检查各个空气开关状态，并检查是否有接地或者短路存在；如有，检查消除故障点并恢复供电。检修前需断开已失电的 DCS 电源柜空气开关及控制器电源开关，检修结束后逐级恢复。

4) 恢复电源后，热控人员检查电源柜内左侧电源和右侧电源的电压指示表是否正常，同时检查网络柜和控制站的电源指示是否正常。

5) 以上检查都无异常后，热控人员进入工程师站，确认电源监视画面是否恢复正常显示，系统画面中所有控制器和操作站外观是否转为正常的主控运行和备用状态。

DCS 单路电源失去热控检查流程如图 E.2 所示。

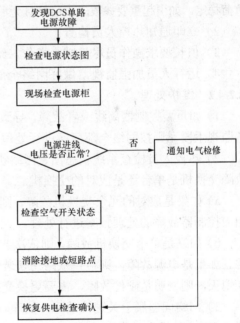

图 E.2 DCS 单路电源失去热控检查流程

E.2 DCS 网络局部故障应急处置预案

E.2.1 故障现象

E.2.1.1 运行检查显示

1) 集控室内部分操作员站可以显示画面，但数据显示为超时，无法更新。

2) 部分操作员站、控制器离线或故障，导致相关的重要参数失去监控。

E.2.1.2 热控检查

1) 检查系统状态图、电源监视图和网络状态图，确认交换机、控制器和工作站的状态，明确是单台交换机还是成对交换机故障。

2) 就地检查交换机柜内交换机电源指示灯是否熄灭。

3）就地检查交换机柜内交换机对应端口指示灯熄灭或者黄色闪烁。

E.2.2　故障原因

1）交换机之间的级连通道故障。

2）交换机硬件故障。

3）交换机局部电源失去。

E.2.3　故障后果

1）交换机级连通道为冗余配置。如果单个级连通道故障，不影响控制系统的正常通信。如果交换机的冗余级连通道故障，会引起下级交换机与上级交换机之间所连接的控制器间通信中断，但同一交换机所连接的控制器间通信正常。

2）如果是交换机单路电源失去，或者某些交换机但并非冗余交换机的两路电源同时失去，DCS 各控制器仍然保持正常工作，不影响控制系统的正常通信。如果冗余交换机的两路电源同时失去，则会影响该对交换机所连接的所有控制器间通信。

3）单台交换机硬件故障，DCS 各控制器仍然保持正常工作，不影响控制系统的正常通信。如果交换机出现成对故障，则会影响该对交换机所连接的控制器间通信。

4）故障处理时，可能造成网络全部瘫痪，影响机组安全运行。

E.2.4　故障处理

E.2.4.1　运行处理

1）值长立即汇报调度。如果出现冗余交换机失去，则申请将机组控制解为本地控制，维持负荷稳定。如引起重要参数失去监控且无后备监视手段，则按网络全部瘫痪进行处理。

2）立即通知热控人员检查。

3）值长要求操作员尽量减少操作，维持机组稳定。

4）运行人员加强监视，做好网络全部瘫痪的故障预想。

E.2.4.2　维护处理

1）如重要控制器离线或者故障，导致相关的通信故障而引起重要参数失去监控，且无后备监视手段，则按网络全部瘫痪进行处理。

2）热控人员检查系统状态图、网络状态图和 Ovation 错误日志，并进行就地检查，确认故障交换机是单台还是成对的交换机。

a）如果是成对的冗余交换机故障，则会影响连接在该对交换机的控制器间通信，并按照相应控制器故障的处理预案进行处理。

b）如果是单个交换机故障，则依次判断交换机电源是否正常、交换机状态指示灯是否正常。如果是电源故障，则检查双路切换装置、接地或者短路，并消除故障点；如果状态指示灯熄灭，则表明是硬件故障，需要更换交换机。

3）网络问题属于关键性故障，处理时应及时咨询 Ovation 技术服务人员。更换交换机需要 Ovation 技术人员来完成。

E.3　DROP01/51 控制站重要模件故障应急处置预案

E.3.1　故障现象

E.3.1.1　运行检查

旁路突然开启，控制模式变为 D/E 方式；燃油快关阀失电关，燃油回油阀失电关。

E.3.1.2　热控检查

至相应控制柜查看 DO 输出模件状态（模件位置 1.4.2）。

E.3.2　故障原因

控制柜 CTRL01 中 DO 输出模件故障（模件位置 1.4.2）。

E.3.3　故障后果

DO 输出模件故障（模件位置 1.4.2），造成送往旁路控制柜的"FIRE ON"信号消失，旁路转为 D/E 模式，高压旁路压力设定值下降，高压旁路调节开启；再热蒸汽压力可能会高于低压旁路设定值，低压旁路调节开启。

E.3.4　故障处理

E.3.4.1　运行处理

1）运行人员立即退出 BM 自动，根据实际情况调整给水流量，必要时退出给水自动。

2）运行人员立即将旁路压力设定值切至手动，并设置合适的设定值，让旁路关闭，以维持工况稳定。

E.3.4.2　维护处理

检查控制柜 CTRL01 中 DO 输出模件故障（模件位置 1.4.2），必要时进行更换，并做好该模件上其他 DO 输出点的强制措施。

E.3.5　重要模件输出信号列表

DROP01/51 控制器涉及锅炉 MFT 控制逻辑以及火检冷却风机、燃油快关阀和回油阀等控制设备，其中某块 DO 输出模件故障会导致二级故障，该重要模件输出信号见表 E.1。

表 E.1　控制器 DROP01/51 重要模件输出信号列表

序号	信号编码	机柜号	模件类型	模件位置	通道	信号描述	备注
1	10CRA00CJJ31S304	CTRL01	DOC	1.4.2	9	Fire on (to BYPASS)	

E.4　DROP02/52 控制站严重故障应急处置预案

E.4.1　故障现象

E.4.1.1　运行检查

1）所有画面上机组实际功率、主蒸汽压力、总煤量等参数显示坏质量或者"T"字样，运行人员无法监视实际功率、主蒸汽压力、总煤量等参数。

2）协调控制画面上（画面编号 4000）部分数据显示坏质量或者"T"字样，运行人员无法监视和操作负荷设定、锅炉主控、燃料主控。

3）系统状态画面中 DROP02 和 DROP52 图符颜色均显示不正常，出现"灰色"（表示控制器失电或离线）、"橘黄色"（表示控制器故障）、"紫色"（表示需运行人员关注）。

E.4.1.2　热控检查

1）查看系统状态画面和故障控制器状态画面中的具体错误信息和故障代码。

2）至相应控制柜查看故障控制器的电源状态。

3）至相应控制柜查看故障控制器的显示灯状态。

4）至相应控制柜查看故障控制器的网络连接情况。

E.4.2 故障原因

1）DROP02 和 DROP52 控制柜电源失去。

2）DROP02 和 DROP52 一对控制器电源失去。

3）DROP02 和 DROP52 一对控制器软硬件故障。

4）DROP02 和 DROP52 一对控制器失去网络连接。

E.4.3 故障后果

1）DROP02 和 DROP52 控制柜电源失去，则送至 DEH 的负荷设定值和压力设定值坏质量，送至旁路的压力设定值坏质量，可能造成 DEH 和旁路的控制失调。另外，通过 RTU 送往调度的相关信号消失或者坏质量。

2）DROP02 和 DROP52 一对控制器故障，DCS 其他控制器仍然保持正常工作，但机组负荷控制、锅炉主控、燃煤主控等无法正常监视和操作，主蒸汽压力无法监视，并失去压力过高的锅炉 MFT 保护（此时旁路安全门功能正常工作）。

3）DROP02 和 DROP52 一对控制器故障，输出的锅炉主控 BM 指令虽然会保持原值，但已不再更新，如煤、水、风等控制仍在自动方式，可能会造成相关参数失调。

4）DROP02 和 DROP52 一对控制器故障，送往 DEH 的负荷设定值和压力设定值虽会保持原值，但已不再更新，如 DEH 侧仍在自动方式，可能会造成汽轮机的控制失调。

5）DROP02 和 DROP52 一对控制器故障，送往高、低压旁路控制柜的压力设定值虽会保持原值，但已不再更新，如旁路仍处于自动状态，可能会造成高、低压旁路的控制失调。

E.4.4 故障处理

E.4.4.1 运行处理

1）运行人员将各台给煤机转速控制、送风控制切至手动，并密切观察各台给煤机煤量、二次风量等参数是否正常，随时进行适当调整。

2）运行人员立即将给水控制切至流量设定值控制，并密切观察实际给水量，根据分离器出口温度及焓值来调整给水流量设定值，以维持合适的煤水比。

3）运行人员立即将 DEH 控制切至本地方式，热控人员将 DEH 侧的压力设定值强制为略低于当前压力，并选择汽轮机限压方式，通过改变负荷设定值来调整调节阀开度。

4）运行人员立即将旁路压力设定值切至手动方式，如发现设定值不合适，应马上调整设定值（比当前实际值高约 0.5MPa），以使旁路工作正常。

5）值长立即汇报调度，告知机组 AGC 控制和一次调频无效。通知热控人员检查，并要求操作员尽量减少操作，维持机组稳定。

6）运行人员密切监视给煤机煤量、炉膛压力、主蒸汽温度、主蒸汽压力、主给水流量等参数，必要时解手动控制；如主蒸汽压力异常升高并接近保护值，立即手动 MFT。

7）对 DROP02 或者 DROP52 故障控制器进行处理时，为确保机组安全运行，应事先申请退出 AGC 和一次调频，保持机组负荷稳定，并按照上述 1）～4）的处理方法将相关控制切至手动或切至本地方式。这样，即使 DROP02/52 全部故障，也不会对机组造成大的影响。

E.4.4.2 维护处理

1）对故障控制器的处理详见"B.2 控制器故障诊断与处理流程图"及相关操作卡。

2）热控人员将 DEH 侧的压力设定值强制为略低于当前压力。

E.4.5　重要输出信号列表

DROP02/52 控制器主要涉及机组负荷协调控制，接受 AGC 负荷指令，生成锅炉主控 BM 指令送至相关控制器，改变煤、水、风等设定值，并将负荷设定值或者压力设定值送往 DEH 控制，计算滑压曲线送至旁路控制，其重要输出信号见表 E.2。

表 E.2　DROP02/52 控制器重要输出信号列表

序号	信 号 编 码	机柜号	模件类型	模件位置	通道	信 号 描 述	备注
1	10CRA00AGC00S007	CTRL02	AO	1.1.3	3	机组实际负荷	
2	10CRA00AGC00S302	CTRL02	DOC	1.4.2	2	一次调频投入/退出信号	
3	10CRA00AGC00S305	CTRL02	DOC	1.4.2	5	AGC 投入/退出信号	
4	10CRA00CJJ12S001	CTRL02	AO	1.1.3	1	主蒸汽压力设定 1	
5	10CRA00CJJ12S002	CTRL02	AO	1.1.3	2	协调控制负荷设定 1	
6	10CRA00CJJ12S003	CTRL02	AO	1.2.4	1	主蒸汽压力设定 2	
7	10CRA00CJJ12S004	CTRL02	AO	1.2.4	2	协调控制负荷设定 2	
8	10CRA00CJJ12S305	CTRL02	DOC	1.4.1	1	主蒸汽压力控制方式请求	
9	10CRA00CJJ12S306	CTRL02	DOC	1.4.1	2	主蒸汽压力控制协调方式请求	
10	10CRA00CJJ12S307	CTRL02	DOC	1.4.1	3	负荷控制方式请求	
11	10CRA00CJJ12S308	CTRL02	DOC	1.4.1	4	负荷控制协调方式请求	
12	10CRA00CJJ31S307	CTRL02	DOC	1.4.1	13	停止锅炉运行	
13	10CRA00CJJ31S318	CTRL02	DOC	1.4.1	9	FCB 发生（至旁路）	
14	10MFT00DO026A	CTRL02	DOC	1.4.2	14	主蒸汽压力高 MFT1（to MFT）	
15	10CRA00CJJ31S322	CTRL02	DOC	1.4.2	15	FCB 发生（至旁路）	
16	10MFT00DO026B	CTRL02	DOC	1.4.1	14	主蒸汽压力高 MFT2（to MFT）	

E.5　DROP11/61 控制站严重故障应急处置预案

E.5.1　故障现象

E.5.1.1　运行检查

1）若 DROP11/61 控制柜失电，则给煤机 A 煤量出现"坏质量"，导致锅炉总煤量坏质量，从而自动退出燃料主控 FM、锅炉主控 BM 以及负荷主控自动，协调控制切至 TF 方式。

2）磨煤机 A 画面上（画面编号 3040 及 3046）部分参数显示坏质量或者"T"字样，运行人员无法监视和操作给煤机 A、磨煤机 A 及其附属设备、A 层油枪、A 层辅助风等控制设备及相关参数。

3）系统状态画面中 DROP11 和 DROP61 图符颜色均显示不正常，出现"灰色"（表示控制器失电或离线）、"橘黄色"（表示控制器故障）、"紫色"（表示需运行人员关注）。

4）给煤机 A 煤量无法控制，或者磨煤机 A 分离器转速无法控制。

E.5.1.2　热控检查

1）查看系统状态画面和故障控制器状态画面中的具体错误信息和故障代码。

2）至相应控制柜查看故障控制器的电源状态。

3）至相应控制柜查看故障控制器的显示灯状态。

4）至相应控制柜查看故障控制器的网络连接情况。

5）至控制柜 CTRL11 查看模拟量指令输出卡（模件位置 1.4.8）的状态。

E.5.2 故障原因

1）DROP11 和 DROP61 控制柜电源失去。

2）DROP11 和 DROP61 一对控制器电源失去。

3）DROP11 和 DROP61 一对控制器软硬件故障。

4）DROP11 和 DROP61 一对控制器失去网络连接。

5）涉及给煤机 A 煤量指令输出和磨煤机 A 分离器转速指令输出的模件故障（模件位置 1.4.8）。

E.5.3 故障后果

1）DROP11 和 DROP61 控制柜电源失去，由于采用继电器动合方式，给煤机 A、磨煤机 A 及其附属设备、相关电动阀门仍保持原先的状态，但已无法对这样设备和阀门进行远程监视和操作。

2）DROP11 和 DROP61 控制柜电源失去，输出模拟量指令至 0mA，一般控制设备会保持当前位置，但已无法对这些设备或调节阀进行远程操作和监视。由于指令信号至 0mA，给煤机 A 迅速降至最低煤量，磨煤机 A 液压加载比例阀至最低油压值。

3）DROP11 和 DROP61 控制柜电源失去，则给煤机 A 煤量出现坏质量，导致锅炉总煤量坏质量，自动退出燃料主控 FM、锅炉主控 BM 以及负荷主控自动。

4）DROP11 和 DROP61 控制器故障，给煤机 A、磨煤机 A 及其附属设备、相关电动隔绝门、调节阀门仍保持原先的状态，但已无法对这样设备和阀门进行远程监视和操作。

5）模拟量指令输出卡（模件位置 1.4.8）故障，则无法控制给煤机 A 转速和磨煤机 A 分离器转速，给煤机 A 煤量失去控制。

E.5.4 故障处理

E.5.4.1 运行处理

1）若燃料主控 FM 未自动切手动，则运行人员立即手动退出 FM 自动，从而会自动退出锅炉主控、负荷主控及 AGC 控制。

2）若给水主控未自动切手动，则运行人员立即将给水控制切至流量设定值控制，并密切观察实际给水量，根据分离器出口温度及焓值来调整给水流量设定值，以维持合适的煤水比。

3）运行人员至就地观察给煤机、磨煤机运行状态，如运行正常，则保持原状。

4）运行人员将磨组 A 相关阀门切至就地方式，并从就地调整阀门至合理位置。

5）值长立即汇报调度，告知机组 AGC 控制和一次调频退出。通知热控人员检查，并要求操作员尽量减少操作，维持机组稳定。

6）运行人员密切监视给煤机煤量、锅炉氧量、主蒸汽温度、主给水流量等参数，必要时切至手动控制。

7）若控制器故障短时间无法恢复，则考虑停磨组处理。由于给煤量无法就地控制，由运行人员就地急停给煤机、磨煤机，就地关闭热风门等相关阀门。由于给水主控退出自动，停磨过程中运行人员应重点关注合适的给水量，保持正常的煤水比。

8）若给煤机 A 煤量指令输出卡故障，运行人员立即将给煤机切至就地方式。如果短时间内无法恢复故障，则停运磨组 A（给煤机煤量指令为 0mA，给煤机至最低转速）。

9）当发现 DROP11 或者 DROP61 控制器故障，或者对故障控制器进行处理时，为确保机组安全运行，应事先停运磨组 A，并根据当前负荷要求启动其他磨组。实现磨组切换后，即使 DROP11/61 全部故障，也不会对机组造成大的影响。

E.5.4.2　维护处理

1）对故障控制器的处理详见"B.2 控制器故障诊断与处理流程图"及相关操作卡。

2）磨煤机停运后，热控人员处理本控制器的故障。

3）恢复故障处理器时，应注意检查由本控制器送往其他控制器的通信信号；如有必要，需在信号接收侧作相应处理，以防故障控制器恢复时这些信号跳变或翻转而导致控制异常。

E.5.5　重要输出信号列表

DROP11/61 控制器主要涉及给煤机 A、磨煤机 A 及其附属设备、A 层油枪、A 层辅助风门，其重要输出信号见表 E.3。

表 E.3　DROP11/61 控制器重要输出信号列表

序号	信 号 编 码	机柜号	模件类型	模件位置	通道	信 号 描 述	备注
1	10HFB10CX019	CTRL11	AO	1.4.8	2	给煤机 A 给煤给定	
2	10HFE10AA110XQ01	CTRL11	AO	1.4.7	2	磨煤机 A 冷一次风挡板控制指令	
3	10HFE10AA120XQ01	CTRL11	AO	1.4.6	2	磨煤机 A 热一次风挡板控制指令	
4	10HFV13AA005XQ01	CTRL11	AO	1.4.5	2	磨煤机 A 比例溢流阀控制指令	
5	10HHE10AA010XB11	EXT11-2	DOC	2.1.1	11	磨煤机 A1 角出口煤粉排出阀开指令	
6	10HHE10AA010XB12	EXT11-2	DO	2.3.2	1	磨煤机 A1 角出口煤粉排出阀关指令	
7	10HHE10AA020XB11	EXT11-2	DOC	2.2.4	11	磨煤机 A2 角出口煤粉排出阀开指令	
8	10HHE10AA020XB12	EXT11-2	DO	2.3.2	1	磨煤机 A2 角出口煤粉排出阀关指令	
9	10HHE10AA030XB11	EXT11-2	DOC	2.1.2	11	磨煤机 A3 角出口煤粉排出阀开指令	
10	10HHE10AA030XB12	EXT11-2	DO	2.3.2	3	磨煤机 A3 角出口煤粉排出阀关指令	
11	10HHE10AA040XB11	EXT11-2	DOC	2.2.3	11	磨煤机 A4 角出口煤粉排出阀开指令	
12	10HHE10AA040XB12	EXT11-2	DO	2.3.2	4	磨煤机 A4 角出口煤粉排出阀关指令	
13	10HHL11AA101XQ01	CTRL11	AO	1.3.1	1	1 号角 A 层辅助二次风挡板控制指令	
14	10HHL11AA102XQ01	CTRL11	AO	1.4.8	1	1 号角煤粉 A 层燃烧器二次风挡板控制指令	
15	10HHL11AA103XQ01	CTRL11	AO	1.3.1	2	1 号角 A 层油燃烧器二次风挡板控制指令	
16	10HHL11AA104XQ01	CTRL11	AO	1.3.1	3	1 号角 A 层辅助二次风挡板控制指令	
17	10HHL12AA101XQ01	CTRL11	AO	1.3.2	1	2 号角 A 层辅助二次风挡板控制指令	
18	10HHL12AA102XQ01	CTRL11	AO	1.4.7	1	2 号角煤粉 A 层燃烧器二次风挡板控制指令	
19	10HHL12AA103XQ01	CTRL11	AO	1.3.2	2	2 号角 A 层油燃烧器二次风挡板控制指令	
20	10HHL12AA104XQ01	CTRL11	AO	1.3.2	3	2 号角 A 层辅助二次风挡板控制指令	
21	10HHL13AA101XQ01	CTRL11	AO	1.3.3	1	3 号角 A 层辅助二次风挡板控制指令	
22	10HHL13AA102XQ01	CTRL11	AO	1.4.6	1	3 号角煤粉 A 层燃烧器二次风挡板控制指令	

表 E.3（续）

序号	信号编码	机柜号	模件类型	模件位置	通道	信 号 描 述	备注
23	10HHL13AA103XQ01	CTRL11	AO	1.3.3	2	3 号角 A 层油燃烧器二次风挡板控制指令	
24	10HHL13AA104XQ01	CTRL11	AO	1.3.3	3	3 号角 A 层辅助二次风挡板控制指令	
25	10HHL14AA101XQ01	CTRL11	AO	1.3.4	1	4 号角 A 层辅助二次风挡板控制指令	
26	10HHL14AA102XQ01	CTRL11	AO	1.4.5	1	4 号角煤粉 A 层燃烧器二次风挡板控制指令	
27	10HHL14AA103XQ01	CTRL11	AO	1.3.4	2	4 号角 A 层油燃烧器二次风挡板控制指令	
28	10HHL14AA104XQ01	CTRL11	AO	1.3.4	3	4 号角 A 层辅助二次风挡板控制指令	
29	10HJA11AA001XB11	EXT11-2	DOC	2.1.1	1	1 号角 A 层油角快关阀开指令	
30	10HJA11AA001XB12	EXT11-2	DO	2.3.2	5	1 号角 A 层油角快关阀关指令	
31	10HJA12AA001XB11	EXT11-2	DOC	2.2.4	1	2 号角 A 层油角快关阀开指令	
32	10HJA12AA001XB12	EXT11-2	DO	2.3.2	7	2 号角 A 层油角快关阀关指令	
33	10HJA13AA001XB11	EXT11-2	DOC	2.1.2	1	3 号角 A 层油角快关阀开指令	
34	10HJA13AA001XB12	EXT11-2	DO	2.3.2	9	3 号角 A 层油角快关阀关指令	
35	10HJA14AA001XB11	EXT11-2	DOC	2.2.3	1	4 号角 A 层油角快关阀开指令	
36	10HJA14AA001XB12	EXT11-2	DO	2.3.2	11	4 号角 A 层油角快关阀关指令	
37	10LBG90AA101XQ01	CTRL11	AO	1.4.5	3	磨煤机灭火蒸汽压力调节阀控制指令	
38	10LCE64AA101XQ01	CTRL11	AO	1.4.6	3	锅炉辅助蒸汽减温调节阀控制指令	
39	10HFB10AF001XB11	EXT11-2	DOC	2.1.4	7	给煤机 1A 启动指令	
40	10HFB10AF001XB12	EXT11-2	DOC	2.1.4	8	给煤机 1A 停止指令	
41	10HFC10AJ001XB11	EXT11-2	DOX	2.2.1	1	磨煤机 1A 合闸命令	
42	10HFC10AJ001XB12	EXT11-2	DOX	2.2.1	2	磨煤机 1A 分闸命令	
43	10HFC10AJ002XB11	EXT11-2	DOC	2.1.4	9	磨煤机 1A 旋转分离器远程启动指令	
44	10HFC10AJ002XB12	EXT11-2	DOC	2.1.4	10	磨煤机 1A 旋转分离器远程停止指令	
45	10HFC10AJ002XQ12	CTRL11	AO	1.4.8	3	磨煤机 1A 旋转分离器速度设定值	
46	10MFT00DO111	EXT11-2	DOC	2.1.4	16	磨组 A 运行（TO MFT）	
47	10MFT00DO121	EXT11-2	DOC	2.2.2	15	A 层≥2 油阀开启（TO MFT）	
48	10MFT00DO131	EXT11-2	DOC	2.1.4	15	A 层≥1 油阀开启（TO MFT）	

E.6 DROP12/62 控制站严重故障应急处置预案

E.6.1 故障现象

E.6.1.1 运行检查

1）若 DROP12/62 控制柜失电，则给煤机 B 煤量出现"坏质量"，导致锅炉总煤量坏质量，从而自动退出燃料主控 FM、锅炉主控 BM 以及负荷主控自动，协调控制切至 TF 方式。

2）磨煤机 B 画面上（画面编号 3041 及 3046）部分参数显示坏质量或者"T"字样，运行人员无法监视和操作给煤机 B、磨煤机 B 及其附属设备、B 层油枪、B 层辅助风等控制设备及相关参数。

3）微油点火画面上（画面编号 3030）部分参数显示坏质量或者"T"字样，运行人员无法监视和操作微油点火油枪、辅助风等控制设备及相关参数。

4）系统状态画面中 DROP12 和 DROP62 图符颜色均显示不正常，出现"灰色"（表示控制器失电或离线）、"橘黄色"（表示控制器故障）、"紫色"（表示需运行人员关注）。

5）给煤机 B 煤量无法控制，或者磨煤机 B 分离器转速无法控制。

E.6.1.2　热控检查

1）查看系统状态画面和故障控制器状态画面中的具体错误信息和故障代码。

2）至相应控制柜查看故障控制器的电源状态。

3）至相应控制柜查看故障控制器的显示灯状态。

4）至相应控制柜查看故障控制器的网络连接情况。

5）至控制柜 CTRL12 查看模拟量指令输出卡（模件位置 1.4.8）的状态。

E.6.2　故障原因

1）DROP12 和 DROP62 控制柜电源失去。

2）DROP12 和 DROP62 一对控制器电源失去。

3）DROP12 和 DROP62 一对控制器软硬件故障。

4）DROP12 和 DROP62 一对控制器失去网络连接。

5）涉及给煤机 B 煤量指令输出和磨煤机 B 分离器转速指令输出的模件故障（模件位置 1.4.8）。

E.6.3　故障后果

1）DROP12 和 DROP62 控制柜电源失去，由于采用继电器动合方式，给煤机 B、磨煤机 B 及其附属设备、相关电动阀门仍保持原先的状态，但已无法对这样设备和阀门进行远程监视和操作。

2）DROP12 和 DROP62 控制柜电源失去，输出模拟量指令至 0mA，一般控制设备会保持当前位置，但已无法对这些设备或调节阀进行远程操作和监视。由于指令信号至 0mA，给煤机 B 迅速降至最低煤量，磨煤机 B 液压加载比例阀至最低油压值。

3）DROP12 和 DROP62 控制柜电源失去，则给煤机 B 煤量出现坏质量，导致锅炉总煤量坏质量，自动退出燃料主控 FM、锅炉主控 BM 以及负荷主控自动。

4）DROP12 和 DROP62 控制器故障，给煤机 B、磨煤机 B 及其附属设备、相关电动隔绝门、调节阀门仍保持原先的状态，但已无法对这样设备和阀门进行远程监视和操作。

5）模拟量指令输出卡（模件位置 1.4.8）故障，则无法控制给煤机 B 转速和磨煤机 B 分离器转速，给煤机 B 煤量失去控制。

E.6.4　故障处理

E.6.4.1　运行处理

1）若燃料主控 FM 未自动切手动，则运行人员立即手动退出 FM 自动，从而会自动退出锅炉主控、负荷主控及 AGC 控制。

2）若给水主控未自动切手动，则运行人员立即将给水控制切至流量设定值控制，并密切观察实际给水量，根据分离器出口温度及焓值来调整给水流量设定值，以维持合适的煤水比。

3）运行人员至就地观察给煤机、磨煤机运行状态，如运行正常，则保持原状。

4）运行人员将磨组 B 相关阀门切至就地方式，并从就地调整阀门至合理位置。

5）值长立即汇报调度，告知机组 AGC 控制和一次调频退出。通知热控人员检查，并要求操作员尽量减少操作，维持机组稳定。

6）运行人员密切监视给煤机煤量、锅炉氧量、主蒸汽温度、主给水流量等参数，必要时切至手动控制。

7）若控制器故障短时间无法恢复，则考虑停磨组处理。由于给煤量无法就地控制，由运行人员就地急停给煤机、磨煤机，就地关闭热风门等相关阀门。由于给水主控退出自动，停磨过程中运行人员应重点关注合适的给水量，保持正常的煤水比。

8）若给煤机 B 煤量指令输出卡故障，运行人员立即将给煤机切至就地方式。如果短时间内无法恢复故障，则停运磨组 B（给煤机煤量指令为 0mA，给煤机至最低转速）。

9）当发现 DROP12 或者 DROP62 控制器故障，或者对故障控制器进行处理时，为确保机组安全运行，应事先停运磨组 B，并根据当前负荷要求启动其他磨组。实现磨组切换后，即使 DROP12/62 全部故障，也不会对机组造成大的影响。

E.6.4.2　维护处理

1）对故障控制器的处理详见"B.2 控制器故障诊断与处理流程图"及相关操作卡。

2）磨煤机停运后，热控人员处理本控制器的故障。

3）恢复故障处理器时，应注意检查由本控制器送往其他控制器的通信信号；如有必要，需在信号接收侧作相应处理，以防故障控制器恢复时这些信号跳变或翻转而导致控制异常。

E.6.5　重要输出信号列表

DROP12/62 控制器主要涉及给煤机 B、磨煤机 B 及其附属设备、B 层油枪、B 层辅助风门、微油点火系统，其重要输出信号见表 E.4。

表 E.4　DROP12/62 控制器重要输出信号列表

序号	信 号 编 码	机柜号	模件类型	模件位置	通道	信 号 描 述	备注
1	10HFB20CX019	CTRL12	AO	1.4.8	2	给煤机 B 给煤给定	
2	10HFE20AA110XQ01	CTRL12	AO	1.4.7	2	磨煤机 B 冷一次风挡板控制指令	
3	10HFE20AA120XQ01	CTRL12	AO	1.4.6	2	磨煤机 B 热一次风挡板控制指令	
4	10HFV23AA005XQ01	CTRL12	AO	1.4.5	2	磨煤机 B 比例溢流阀控制指令	
5	10HHE20AA010XB11	EXT12-2	DOC	2.1.1	11	磨煤机 B1 角出口煤粉排出阀开指令	
6	10HHE20AA010XB12	EXT12-2	DO	2.3.2	1	磨煤机 B1 角出口煤粉排出阀关指令	
7	10HHE20AA020XB11	EXT12-2	DOC	2.2.4	11	磨煤机 B2 角出口煤粉排出阀开指令	
8	10HHE20AA020XB12	EXT12-2	DO	2.3.2	2	磨煤机 B2 角出口煤粉排出阀关指令	
9	10HHE20AA030XB11	EXT12-2	DOC	2.1.2	11	磨煤机 B3 角出口煤粉排出阀开指令	
10	10HHE20AA030XB12	EXT12-2	DO	2.3.2	3	磨煤机 B3 角出口煤粉排出阀关指令	
11	10HHE20AA040XB11	EXT12-2	DOC	2.2.3	11	磨煤机 B4 角出口煤粉排出阀开指令	
12	10HHE20AA040XB12	EXT12-2	DO	2.3.2	4	磨煤机 B4 角出口煤粉排出阀关指令	
13	10HHL21AA101XQ01	CTRL12	AO	1.3.1	1	1 号角 B 层辅助二次风挡板控制指令	
14	10HHL21AA102XQ01	CTRL12	AO	1.4.8	1	1 号角煤粉 B 层燃烧器二次风挡板控制指令	
15	10HHL21AA103XQ01	CTRL12	AO	1.3.1	2	1 号角 B 层油燃烧器二次风挡板控制指令	

表 E.4（续）

序号	信号编码	机柜号	模件类型	模件位置	通道	信　号　描　述	备注
16	10HHL21AA104XQ01	CTRL12	AO	1.3.1	3	1 号角 B 层辅助二次风挡板控制指令	
17	10HHL22AA101XQ01	CTRL12	AO	1.3.2	1	2 号角 B 层辅助二次风挡板控制指令	
18	10HHL22AA102XQ01	CTRL12	AO	1.4.7	1	2 号角煤粉 B 层燃烧器二次风挡板控制指令	
19	10HHL22AA103XQ01	CTRL12	AO	1.3.2	2	2 号角 B 层油燃烧器二次风挡板控制指令	
20	10HHL22AA104XQ01	CTRL12	AO	1.3.2	3	2 号角 B 层辅助二次风挡板控制指令	
21	10HHL23AA101XQ01	CTRL12	AO	1.3.3	1	3 号角 B 层辅助二次风挡板控制指令	
22	10HHL23AA102XQ01	CTRL12	AO	1.4.6	1	3 号角煤粉 B 层燃烧器二次风挡板控制指令	
23	10HHL23AA103XQ01	CTRL12	AO	1.3.3	2	3 号角 B 层油燃烧器二次风挡板控制指令	
24	10HHL23AA104XQ01	CTRL12	AO	1.3.3	3	3 号角 B 层辅助二次风挡板控制指令	
25	10HHL24AA101XQ01	CTRL12	AO	1.3.4	1	4 号角 B 层辅助二次风挡板控制指令	
26	10HHL24AA102XQ01	CTRL12	AO	1.4.5	1	4 号角煤粉 B 层燃烧器二次风挡板控制指令	
27	10HHL24AA103XQ01	CTRL12	AO	1.3.4	2	4 号角 B 层油燃烧器二次风挡板控制指令	
28	10HHL24AA104XQ01	CTRL12	AO	1.3.4	3	4 号角 B 层辅助二次风挡板控制指令	
29	10HJA21AA001XB11	EXT12-2	DOC	2.1.1	1	1 号角 B 层油角快关阀开指令	
30	10HJA21AA001XB12	EXT12-2	DO	2.3.2	5	1 号角 B 层油角快关阀关指令	
31	10HJA22AA001XB11	EXT12-2	DOC	2.2.4	1	2 号角 B 层油角快关阀开指令	
32	10HJA22AA001XB12	EXT12-2	DO	2.3.2	7	2 号角 B 层油角快关阀关指令	
33	10HJA23AA001XB11	EXT12-2	DOC	2.1.2	1	3 号角 B 层油角快关阀开指令	
34	10HJA23AA001XB12	EXT12-2	DO	2.3.2	9	3 号角 B 层油角快关阀关指令	
35	10HJA24AA001XB11	EXT12-2	DOC	2.2.3	1	4 号角 B 层油角快关阀开指令	
36	10HJA24AA001XB12	EXT12-2	DO	2.3.2	11	4 号角 B 层油角快关阀关指令	
37	10HFB20AF001XB11	EXT12-2	DOC	2.1.4	7	给煤机 1B 启动指令	
38	10HFB20AF001XB12	EXT12-2	DOC	2.1.4	8	给煤机 1B 停止指令	
39	10HFC20AJ001XB11	EXT12-2	DOX	2.2.1	1	磨煤机 1B 合闸命令	
40	10HFC20AJ001XB12	EXT12-2	DOX	2.2.1	2	磨煤机 1B 分闸命令	
41	10HFC20AJ002XB11	EXT12-2	DOC	2.1.4	9	磨煤机 1B 旋转分离器远程启动指令	
42	10HFC20AJ002XB12	EXT12-2	DOC	2.1.4	10	磨煤机 1B 旋转分离器远程停止指令	
43	10HFC20AJ002XQ12	CTRL12	AO	1.4.8	3	磨煤机 1B 旋转分离器速度设定值	
44	10MFT00DO211	EXT12-2	DOC	2.1.4	16	磨组 B 运行（TO MFT）	
45	10MFT00DO221	EXT12-2	DOC	2.2.2	15	B 层≥2 油阀开启（TO MFT）	
46	10MFT00DO231	EXT12-2	DOC	2.1.4	15	B 层≥1 油阀开启（TO MFT）	

E.7　DROP13/63 控制站严重故障应急处置预案

E.7.1　故障现象

E.7.1.1　运行检查

1）若 DROP13/63 控制柜失电，则给煤机 C 煤量出现"坏质量"，导致锅炉总煤量坏质量，从而自动退出燃料主控 FM、锅炉主控 BM 以及负荷主控自动，协调控制切至 TF 方式。

2）磨煤机 C 画面上（画面编号 3042 及 3046）部分参数显示坏质量或者"T"字样，运行人员无法监视和操作给煤机 C、磨煤机 C 及其附属设备、C 层油枪、C 层辅助风等控制设备及相关参数。

3）系统状态画面中 DROP13 和 DROP63 图符颜色均显示不正常，出现"灰色"（表示控制器失电或离线）、"橘黄色"（表示控制器故障）、"紫色"（表示需运行人员关注）。

4）给煤机 C 煤量无法控制，或者磨煤机 C 分离器转速无法控制。

E.7.1.2　热控检查

1）查看系统状态画面和故障控制器状态画面中的具体错误信息和故障代码。

2）至相应控制柜查看故障控制器的电源状态。

3）至相应控制柜查看故障控制器的显示灯状态。

4）至相应控制柜查看故障控制器的网络连接情况。

5）至控制柜 CTRL13 查看模拟量指令输出卡（模件位置 1.4.8）的状态。

E.7.2　故障原因

1）DROP13 和 DROP63 控制柜电源失去。

2）DROP13 和 DROP63 一对控制器电源失去。

3）DROP13 和 DROP63 一对控制器软硬件故障。

4）DROP13 和 DROP63 一对控制器失去网络连接。

5）涉及给煤机 C 煤量指令输出和磨煤机 C 分离器转速指令输出的模件故障（模件位置 1.4.8）。

E.7.3　故障后果

1）DROP13 和 DROP63 控制柜电源失去，由于采用继电器动合方式，给煤机 C、磨煤机 C 及其附属设备、相关电动阀门仍保持原先的状态，但已无法对这样设备和阀门进行远程监视和操作。

2）DROP13 和 DROP63 控制柜电源失去，输出模拟量指令至 0mA，一般控制设备会保持当前位置，但已无法对这些设备或调节阀进行远程操作和监视。由于指令信号至 0mA，给煤机 C 迅速降至最低煤量，磨煤机 C 液压加载比例阀至最低油压值。

3）DROP13 和 DROP63 控制柜电源失去，则给煤机 C 煤量出现坏质量，导致锅炉总煤量坏质量，自动退出燃料主控 FM、锅炉主控 BM 以及负荷主控自动。

4）DROP13 和 DROP63 控制器故障，给煤机 C、磨煤机 C 及其附属设备、相关电动隔绝门、调节阀门仍保持原先的状态，但已无法对这样设备和阀门进行远程监视和操作。

5）模拟量指令输出卡（模件位置 1.4.8）故障，则无法控制给煤机 C 转速和磨煤机 C 分离器转速，给煤机 C 煤量失去控制。

E.7.4　故障处理

E.7.4.1　运行处理

1）若燃料主控 FM 未自动切手动，则运行人员立即手动退出 FM 自动，从而会自动退出锅炉主控、负荷主控及 AGC 控制。

2）若给水主控未自动切手动，则运行人员立即将给水控制切至流量设定值控制，并密切观察实际给水量，根据分离器出口温度及焓值来调整给水流量设定值，以维持合适的煤水比。

3）运行人员至就地观察给煤机、磨煤机运行状态，如运行正常，则保持原状。

4）运行人员将磨组 C 相关阀门切至就地方式，并从就地调整阀门至合理位置。

5）值长立即汇报调度，告知机组 AGC 控制和一次调频退出。通知热控人员检查，并要求操作员尽量减少操作，维持机组稳定。

6）运行人员密切监视给煤机煤量、锅炉氧量、主蒸汽温度、主给水流量等参数，必要时切至手动控制。

7）若控制器故障短时间无法恢复，则考虑停磨组处理。由于给煤量无法就地控制，由运行人员就地急停给煤机、磨煤机，就地关闭热风门等相关阀门。由于给水主控退出自动，停磨过程中运行人员应重点关注合适的给水量，保持正常的煤水比。

8）若给煤机 C 煤量指令输出卡故障，运行人员立即将给煤机切至就地方式。如果短时间内无法恢复故障，则停运磨组 C（给煤机煤量指令为 0mA，给煤机至最低转速）。

9）当发现 DROP13 或者 DROP63 控制器故障，或者对故障控制器进行处理时，为确保机组安全运行，应事先停运磨组 C，并根据当前负荷要求启动其他磨组。实现磨组切换后，即使 DROP13/63 全部故障，也不会对机组造成大的影响。

E.7.4.2 维护处理

1）对故障控制器处理详见"B.2 控制器故障诊断与处理流程图"及相关操作卡。

2）磨煤机停运后，热控人员处理本控制器的故障。

3）恢复故障处理器时，应注意检查由本控制器送往其他控制器的通信信号；如有必要需在信号接收侧作相应处理，以防故障控制器恢复时这些信号跳变或翻转而导致控制异常。

E.7.5 重要输出信号列表

DROP13/63 控制器主要涉及给煤机 C、磨煤机 C 及其附属设备、C 层油枪、C 层辅助风门，其重要输出信号见表 E.5。

表 E.5 DROP13/63 控制器重要输出信号列表

序号	信号编码	机柜号	模件类型	模件位置	通道	信号描述	备注
1	10HFB30CX019	CTRL13	AO	1.4.8	2	给煤机 C 给煤给定	
2	10HFE30AA110XQ01	CTRL13	AO	1.4.7	2	磨煤机 C 冷一次风挡板控制指令	
3	10HFE30AA120XQ01	CTRL13	AO	1.4.6	2	磨煤机 C 热一次风挡板控制指令	
4	10HFV33AA005XQ01	CTRL13	AO	1.4.5	2	磨煤机 C 比例溢流阀控制指令	
5	10HHE30AA010XB11	EXT13-2	DOC	2.1.1	11	磨煤机 C1 角出口煤粉排出阀开指令	
6	10HHE30AA010XB12	EXT13-2	DO	2.3.2	1	磨煤机 C1 角出口煤粉排出阀关指令	
7	10HHE30AA020XB11	EXT13-2	DOC	2.2.4	11	磨煤机 C2 角出口煤粉排出阀开指令	
8	10HHE30AA020XB12	EXT13-2	DO	2.3.2	2	磨煤机 C2 角出口煤粉排出阀关指令	
9	10HHE30AA030XB11	EXT13-2	DOC	2.1.2	11	磨煤机 C3 角出口煤粉排出阀开指令	
10	10HHE30AA030XB12	EXT13-2	DO	2.3.2	3	磨煤机 C3 角出口煤粉排出阀关指令	
11	10HHE30AA040XB11	EXT13-2	DOC	2.2.3	11	磨煤机 C4 角出口煤粉排出阀开指令	
12	10HHE30AA040XB12	EXT13-2	DO	2.3.2	4	磨煤机 C4 角出口煤粉排出阀关指令	
13	10HHL31AA101XQ01	CTRL13	AO	1.3.1	1	1 号角 C 层辅助二次风挡板控制指令	
14	10HHL31AA102XQ01	CTRL13	AO	1.4.8	1	1 号角煤粉 C 层燃烧器二次风挡板控制指令	
15	10HHL31AA103XQ01	CTRL13	AO	1.3.1	2	1 号角 C 层油燃烧器二次风挡板控制指令	

表 E.5（续）

序号	信 号 编 码	机柜号	模件类型	模件位置	通道	信 号 描 述	备注
16	10HHL31AA104XQ01	CTRL13	AO	1.3.1	3	1 号角 C 层辅助二次风挡板控制指令	
17	10HHL32AA101XQ01	CTRL13	AO	1.3.2	1	2 号角 C 层辅助二次风挡板控制指令	
18	10HHL32AA102XQ01	CTRL13	AO	1.4.7	1	2 号角煤粉 C 层燃烧器二次风挡板控制指令	
19	10HHL32AA103XQ01	CTRL13	AO	1.3.2	2	2 号角 C 层油燃烧器二次风挡板控制指令	
20	10HHL32AA104XQ01	CTRL13	AO	1.3.2	3	2 号角 C 层辅助二次风挡板控制指令	
21	10HHL33AA101XQ01	CTRL13	AO	1.3.3	1	3 号角 C 层辅助二次风挡板控制指令	
22	10HHL33AA102XQ01	CTRL13	AO	1.4.6	1	3 号角煤粉 C 层燃烧器二次风挡板控制指令	
23	10HHL33AA103XQ01	CTRL13	AO	1.3.3	2	3 号角 C 层油燃烧器二次风挡板控制指令	
24	10HHL33AA104XQ01	CTRL13	AO	1.3.3	3	3 号角 C 层辅助二次风挡板控制指令	
25	10HHL34AA101XQ01	CTRL13	AO	1.3.4	1	4 号角 C 层辅助二次风挡板控制指令	
26	10HHL34AA102XQ01	CTRL13	AO	1.4.5	1	4 号角煤粉 C 层燃烧器二次风挡板控制指令	
27	10HHL34AA103XQ01	CTRL13	AO	1.3.4	2	4 号角 C 层油燃烧器二次风挡板控制指令	
28	10HHL34AA104XQ01	CTRL13	AO	1.3.4	3	4 号角 C 层辅助二次风挡板控制指令	
29	10HJA31AA001XB11	EXT13-2	DOC	2.1.1	1	1 号角 C 层油角快关阀开指令	
30	10HJA31AA001XB12	EXT13-2	DO	2.3.2	5	1 号角 C 层角快关阀关指令	
31	10HJA32AA001XB11	EXT13-2	DOC	2.2.4	1	2 号角 C 层油角快关阀开指令	
32	10HJA32AA001XB12	EXT13-2	DO	2.3.2	7	2 号角 C 层角快关阀关指令	
33	10HJA33AA001XB11	EXT13-2	DOC	2.1.2	1	3 号角 C 层油角快关阀开指令	
34	10HJA33AA001XB12	EXT13-2	DO	2.3.2	9	3 号角 C 层角快关阀关指令	
35	10HJA34AA001XB11	EXT13-2	DOC	2.2.3	1	4 号角 C 层油角快关阀开指令	
36	10HJA34AA001XB12	EXT13-2	DO	2.3.2	11	4 号角 C 层油角快关阀关指令	
37	10HFB30AF001XB11	EXT13-2	DOC	2.1.4	7	给煤机 1C 启动指令	
38	10HFB30AF001XB12	EXT13-2	DOC	2.1.4	8	给煤机 1C 停止指令	
39	10HFC30AJ001XB11	EXT13-2	DOX	2.2.1	1	磨煤机 1C 合闸命令	
40	10HFC30AJ001XB12	EXT13-2	DOX	2.2.1	2	磨煤机 1C 分闸命令	
41	10HFC30AJ002XB11	EXT13-2	DOC	2.1.4	9	磨煤机 1C 旋转分离器远程启动指令	
42	10HFC30AJ002XB12	EXT13-2	DOC	2.1.4	10	磨煤机 1C 旋转分离器远程停止指令	
43	10HFC30AJ002XQ12	CTRL13	AO	1.4.8	3	磨煤机 1C 旋转分离器速度设定值	
44	10MFT00DO311	EXT13-2	DOC	2.1.4	16	磨组 C 运行（TO MFT）	
45	10MFT00DO321	EXT13-2	DOC	2.2.2	15	C 层≥2 油阀开启（TO MFT）	
46	10MFT00DO331	EXT13-2	DOC	2.1.4	15	C 层≥1 油阀开启（TO MFT）	

E.8 DROP14/64 控制站严重故障应急处置预案

E.8.1 故障现象

E.8.1.1 运行检查

1）若 DROP14/64 控制柜失电，则给煤机 D 煤量出现"坏质量"，导致锅炉总煤量坏质量，从而自动退出燃料主控 FM、锅炉主控 BM 以及负荷主控自动，协调控制切至 TF 方式。

2）磨煤机 D 画面上（画面编号 3043 及 3046）部分参数显示坏质量或者"T"字样，运行人员无法监视和操作给煤机 D、磨煤机 D 及其附属设备、D 层油枪、D 层辅助风等控制设备及相关参数。

3）系统状态画面中 DROP14 和 DROP64 图符颜色均显示不正常，出现"灰色"（表示控制器失电或离线）、"橘黄色"（表示控制器故障）、"紫色"（表示需运行人员关注）。

4）给煤机 D 煤量无法控制，或者磨煤机 D 分离器转速无法控制。

E.8.1.2　热控检查

1）查看系统状态画面和故障控制器状态画面中的具体错误信息和故障代码。

2）至相应控制柜查看故障控制器的电源状态。

3）至相应控制柜查看故障控制器的显示灯状态。

4）至相应控制柜查看故障控制器的网络连接情况。

5）至控制柜 CTRL14 查看模拟量指令输出卡（模件位置 1.4.8）的状态。

E.8.2　故障原因

1）DROP14 和 DROP64 控制柜电源失去。

2）DROP14 和 DROP64 一对控制器电源失去。

3）DROP14 和 DROP64 一对控制器软硬件故障。

4）DROP14 和 DROP64 一对控制器失去网络连接。

5）涉及给煤机 D 煤量指令输出和磨煤机 D 分离器转速指令输出的模件故障（模件位置 1.4.8）。

E.8.3　故障后果

1）DROP14 和 DROP64 控制柜电源失去，由于采用继电器动合方式，给煤机 D、磨煤机 D 及其附属设备、相关电动阀门仍保持原先的状态，但已无法对这样设备和阀门进行远程监视和操作。

2）DROP14 和 DROP64 控制柜电源失去，输出模拟量指令至 0mA，一般控制设备会保持当前位置，但已无法对这些设备或调节阀进行远程操作和监视。由于指令信号至 0mA，给煤机 D 迅速降至最低煤量，磨煤机 D 液压加载比例阀至最低油压值。

3）DROP14 和 DROP64 控制柜电源失去，则给煤机 D 煤量出现坏质量，导致锅炉总煤量坏质量，自动退出燃料主控 FM、锅炉主控 BM 以及负荷主控自动。

4）DROP14 和 DROP64 控制器故障，给煤机 D、磨煤机 D 及其附属设备、相关电动隔绝门、调节阀门仍保持原先的状态，但已无法对这样设备和阀门进行远程监视和操作。

5）模拟量指令输出卡（模件位置 1.4.8）故障，则无法控制给煤机 D 转速和磨煤机 D 分离器转速，给煤机 D 煤量失去控制。

E.8.4　故障处理

E.8.4.1　运行处理

1）若燃料主控 FM 未自动切手动，则运行人员立即手动退出 FM 自动，从而会自动退出锅炉主控、负荷主控及 AGC 控制。

2）若给水主控未自动切手动，则运行人员立即将给水控制切至流量设定值控制，并密切观察实际给水量，根据分离器出口温度及焓值来调整给水流量设定值，以维持合适的煤水比。

3）运行人员至就地观察给煤机、磨煤机运行状态，如运行正常，则保持原状。

4）运行人员将磨组 D 相关阀门切至就地方式，并从就地调整阀门至合理位置。

5）值长立即汇报调度，告知机组 AGC 控制和一次调频退出。通知热控人员检查，并要求操作员尽量减少操作，维持机组稳定。

6）运行人员密切监视给煤机煤量、锅炉氧量、主蒸汽温度、主给水流量等参数，必要时切至手动控制。

7）若控制器故障短时间无法恢复，则考虑停磨组处理。由于给煤量无法就地控制，由运行人员就地急停给煤机、磨煤机，就地关闭热风门等相关阀门。由于给水主控退出自动，停磨过程中运行人员应重点关注合适的给水量，保持正常的煤水比。

8）若给煤机 D 煤量指令输出卡故障，运行人员立即将给煤机切至就地方式。如果短时间内无法恢复故障，则停运磨组 D（给煤机煤量指令为 0mA，给煤机至最低转速）。

9）当发现 DROP14 或者 DROP64 控制器故障，或者对故障控制器进行处理时，为确保机组安全运行，应事先停运磨组 D，并根据当前负荷要求启动其他磨组。实现磨组切换后，即使 DROP14/64 全部故障，也不会对机组造成大的影响。

E.8.4.2　维护处理

1）对故障控制器的处理详见"B.2 控制器故障诊断与处理流程图"及相关操作卡。

2）磨煤机停运后，热控人员处理本控制器的故障。

3）恢复故障处理器时，应注意检查由本控制器送往其他控制器的通信信号；如有必要，需在信号接收侧作相应处理，以防故障控制器恢复时这些信号跳变或翻转而导致控制异常。

E.8.5　重要输出信号列表

DROP14/64 控制器主要涉及给煤机 D、磨煤机 D 及其附属设备、D 层油枪、D 层辅助风门，其重要输出信号见表 E.6。

表 E.6　DROP14/64 控制器重要输出信号列表

序号	信 号 编 码	机柜号	模件类型	模件位置	通道	信 号 描 述	备注
1	10HFB40CX019	CTRL14	AO	1.4.8	2	给煤机 D 给煤给定	
2	10HFE40AA110XQ01	CTRL14	AO	1.4.7	2	磨煤机 D 冷一次风挡板控制指令	
3	10HFE40AA120XQ01	CTRL14	AO	1.4.6	2	磨煤机 D 热一次风挡板控制指令	
4	10HFV43AA005XQ01	CTRL14	AO	1.4.5	2	磨煤机 D 比例溢流阀控制指令	
5	10HHE40AA010XB11	EXT14-2	DOC	2.1.1	11	磨煤机 D1 角出口煤粉排出阀开指令	
6	10HHE40AA010XB12	EXT14-2	DO	2.3.2	1	磨煤机 D1 角出口煤粉排出阀关指令	
7	10HHE40AA020XB11	EXT14-2	DOC	2.2.4	11	磨煤机 D2 角出口煤粉排出阀开指令	
8	10HHE40AA020XB12	EXT14-2	DO	2.3.2	2	磨煤机 D2 角出口煤粉排出阀关指令	
9	10HHE40AA030XB11	EXT14-2	DOC	2.1.2	11	磨煤机 D3 角出口煤粉排出阀开指令	
10	10HHE40AA030XB12	EXT14-2	DO	2.3.2	3	磨煤机 D3 角出口煤粉排出阀关指令	
11	10HHE40AA040XB11	EXT14-2	DOC	2.2.3	11	磨煤机 D4 角出口煤粉排出阀开指令	
12	10HHE40AA040XB12	EXT14-2	DO	2.3.2	4	磨煤机 D4 角出口煤粉排出阀关指令	
13	10HHL41AA101XQ01	CTRL14	AO	1.3.1	1	1 号角 D 层辅助二次风挡板控制指令	
14	10HHL41AA102XQ01	CTRL14	AO	1.4.8	1	1 号角煤粉 D 层燃烧器二次风挡板控制指令	
15	10HHL41AA103XQ01	CTRL14	AO	1.3.1	2	1 号角 D 层油燃烧器二次风挡板控制指令	

表 E.6（续）

序号	信号编码	机柜号	模件类型	模件位置	通道	信号描述	备注
16	10HHL41AA104XQ01	CTRL14	AO	1.3.1	3	1 号角 D 层辅助二次风挡板控制指令	
17	10HHL42AA101XQ01	CTRL14	AO	1.3.2	1	2 号角 D 层辅助二次风挡板控制指令	
18	10HHL42AA102XQ01	CTRL14	AO	1.4.7	1	2 号角煤粉 D 层燃烧器二次风挡板控制指令	
19	10HHL42AA103XQ01	CTRL14	AO	1.3.2	2	2 号角 D 层油燃烧器二次风挡板控制指令	
20	10HHL42AA104XQ01	CTRL14	AO	1.3.2	3	2 号角 D 层辅助二次风挡板控制指令	
21	10HHL43AA101XQ01	CTRL14	AO	1.3.3	1	3 号角 D 层辅助二次风挡板控制指令	
22	10HHL43AA102XQ01	CTRL14	AO	1.4.6	1	3 号角煤粉 D 层燃烧器二次风挡板控制指令	
23	10HHL43AA103XQ01	CTRL14	AO	1.3.3	2	3 号角 D 层油燃烧器二次风挡板控制指令	
24	10HHL43AA104XQ01	CTRL14	AO	1.3.3	3	3 号角 D 层辅助二次风挡板控制指令	
25	10HHL44AA101XQ01	CTRL14	AO	1.3.4	1	4 号角 D 层辅助二次风挡板控制指令	
26	10HHL44AA102XQ01	CTRL14	AO	1.4.5	1	4 号角煤粉 D 层燃烧器二次风挡板控制指令	
27	10HHL44AA103XQ01	CTRL14	AO	1.3.4	2	4 号角 D 层油燃烧器二次风挡板控制指令	
28	10HHL44AA104XQ01	CTRL14	AO	1.3.4	3	4 号角 D 层辅助二次风挡板控制指令	
29	10HJA41AA001XB11	EXT14-2	DOC	2.1.1	1	1 号角 D 层油角快关阀开指令	
30	10HJA41AA001XB12	EXT14-2	DO	2.3.2	5	1 号角 D 层油角快关阀关指令	
31	10HJA42AA001XB11	EXT14-2	DOC	2.2.4	1	2 号角 D 层油角快关阀开指令	
32	10HJA42AA001XB12	EXT14-2	DO	2.3.2	7	2 号角 D 层油角快关阀关指令	
33	10HJA43AA001XB11	EXT14-2	DOC	2.1.2	1	3 号角 D 层油角快关阀开指令	
34	10HJA43AA001XB12	EXT14-2	DO	2.3.2	9	3 号角 D 层油角快关阀关指令	
35	10HJA44AA001XB11	EXT14-2	DOC	2.2.3	1	4 号角 D 层油角快关阀开指令	
36	10HJA44AA001XB12	EXT14-2	DO	2.3.2	11	4 号角 D 层油角快关阀关指令	
37	10HFB40AF001XB11	EXT14-2	DOC	2.1.4	7	给煤机 1D 启动指令	
38	10HFB40AF001XB12	EXT14-2	DOC	2.1.4	8	给煤机 1D 停止指令	
39	10HFC40AJ001XB11	EXT14-2	DOX	2.2.1	1	磨煤机 1D 合闸命令	
40	10HFC40AJ001XB12	EXT14-2	DOX	2.2.1	2	磨煤机 1D 分闸命令	
41	10HFC40AJ002XB11	EXT14-2	DOC	2.1.4	9	磨煤机 1D 旋转分离器远程启动指令	
42	10HFC40AJ002XB12	EXT14-2	DOC	2.1.4	10	磨煤机 1D 旋转分离器远程停止指令	
43	10HFC40AJ002XQ12	CTRL14	AO	1.4.8	3	磨煤机 1D 旋转分离器速度设定值	
44	10MFT00DO411	EXT14-2	DOC	2.1.4	16	磨组 D 运行（TO MFT）	
45	10MFT00DO421	EXT14-2	DOC	2.2.2	15	D 层≥2 油阀开启（TO MFT）	
46	10MFT00DO431	EXT14-2	DOC	2.1.4	15	D 层≥1 油阀开启（TO MFT）	

E.9　DROP15/65 控制站严重故障应急处置预案

E.9.1　故障现象

E.9.1.1　运行检查

1）若 DROP15/65 控制柜失电，则给煤机 E 煤量出现"坏质量"，导致锅炉总煤量坏质量，从而自动退出燃料主控 FM、锅炉主控 BM 以及负荷主控自动，协调控制切至 TF 方式。

2）磨煤机 E 画面上（画面编号 3044 及 3046）部分参数显示坏质量或者"T"字样，运行人员无法监视和操作给煤机 E、磨煤机 E 及其附属设备、E 层油枪、E 层辅助风等控制设备及相关参数。

3）系统状态画面中 DROP15 和 DROP65 图符颜色均显示不正常，出现"灰色"（表示控制器失电或离线）、"橘黄色"（表示控制器故障）、"紫色"（表示需运行人员关注）。

4）给煤机 E 煤量无法控制，或者磨煤机 E 分离器转速无法控制。

E.9.1.2　热控检查

1）查看系统状态画面和故障控制器状态画面中的具体错误信息和故障代码。

2）至相应控制柜查看故障控制器的电源状态。

3）至相应控制柜查看故障控制器的显示灯状态。

4）至相应控制柜查看故障控制器的网络连接情况。

5）至控制柜 CTRL15 查看模拟量指令输出卡（模件位置 1.4.8）的状态。

E.9.2　故障原因

1）DROP15 和 DROP65 控制柜电源失去。

2）DROP15 和 DROP65 一对控制器电源失去。

3）DROP15 和 DROP65 一对控制器软硬件故障。

4）DROP15 和 DROP65 一对控制器失去网络连接。

5）涉及给煤机 E 煤量指令输出和磨煤机 E 分离器转速指令输出的模件故障（模件位置 1.4.8）。

E.9.3　故障后果

1）DROP15 和 DROP65 控制柜电源失去，由于采用继电器动合方式，给煤机 E、磨煤机 E 及其附属设备、相关电动阀门仍保持原先的状态，但已无法对这样设备和阀门进行远程监视和操作。

2）DROP15 和 DROP65 控制柜电源失去，输出模拟量指令至 0mA，一般控制设备会保持当前位置，但已无法对这些设备或调节阀进行远程操作和监视。由于指令信号至 0mA，给煤机 E 迅速降至最低煤量，磨煤机 E 液压加载比例阀至最低油压值。

3）DROP15 和 DROP65 控制柜电源失去，则给煤机 E 煤量出现坏质量，导致锅炉总煤量坏质量，自动退出燃料主控 FM、锅炉主控 BM 以及负荷主控自动。

4）DROP15 和 DROP65 控制器故障，给煤机 E、磨煤机 E 及其附属设备、相关电动隔绝门、调节阀门仍保持原先的状态，但已无法对这样设备和阀门进行远程监视和操作。

5）模拟量指令输出卡（模件位置 1.4.8）故障，则无法控制给煤机 E 转速和磨煤机 E 分离器转速，给煤机 E 煤量失去控制。

E.9.4　故障处理

E.9.4.1　运行处理

1）若燃料主控 FM 未自动切手动，则运行人员立即手动退出 FM 自动，从而会自动退出锅炉主控、负荷主控及 AGC 控制。

2）若给水主控未自动切手动，则运行人员立即将给水控制切至流量设定值控制，并密切观察实际给水量，根据分离器出口温度及焓值来调整给水流量设定值，以维持合适的煤水比。

3）运行人员至就地观察给煤机、磨煤机运行状态，如运行正常，则保持原状。

4）运行人员将磨组 E 相关阀门切至就地方式，并从就地调整阀门至合理位置。

5）值长立即汇报调度，告知机组 AGC 控制和一次调频退出。通知热控人员检查，并要求操作员尽量减少操作，维持机组稳定。

6）运行人员密切监视给煤机煤量、锅炉氧量、主蒸汽温度、主给水流量等参数，必要时切至手动控制。

7）若控制器故障短时间无法恢复，则考虑停磨组处理。由于给煤量无法就地控制，由运行人员就地急停给煤机、磨煤机，就地关闭热风门等相关阀门。由于给水主控退出自动，停磨过程中运行人员应重点关注合适的给水量，保持正常的煤水比。

8）若给煤机 E 煤量指令输出卡故障，运行人员立即将给煤机切至就地方式。如果短时间内无法恢复故障，则停运磨组 E（给煤机煤量指令为 0mA，给煤机至最低转速）。

9）当发现 DROP15 或者 DROP65 控制器故障，或者对故障控制器进行处理时，为确保机组安全运行，应事先停运磨组 E，并根据当前负荷要求启动其他磨组。实现磨组切换后，即使 DROP15/65 全部故障，也不会对机组造成大的影响。

E.9.4.2　维护处理

1）对故障控制器的处理详见"B.2 控制器故障诊断与处理流程图"及相关操作卡。

2）磨煤机停运后，热控人员处理本控制器的故障。

3）恢复故障处理器时，应注意检查由本控制器送往其他控制器的通信信号；如有必要，需在信号接收侧作相应处理，以防故障控制器恢复时这些信号跳变或翻转而导致控制异常。

E.9.5　重要输出信号列表

DROP15/65 控制器主要涉及给煤机 E、磨煤机 E 及其附属设备、E 层油枪、E 层辅助风门，其重要输出信号见表 E.7。

表 E.7　DROP15/65 控制器重要输出信号列表

序号	信　号　编　码	机柜号	模件类型	模件位置	通道	信　号　描　述	备注
1	10HFB50CX019	CTRL15	AO	1.4.8	2	给煤机 E 给煤给定	
2	10HFE50AA110XQ01	CTRL15	AO	1.4.7	2	磨煤机 E 冷一次风挡板控制指令	
3	10HFE50AA120XQ01	CTRL15	AO	1.4.6	2	磨煤机 E 热一次风挡板控制指令	
4	10HFV53AA005XQ01	CTRL15	AO	1.4.5	2	磨煤机 E 比例溢流阀控制指令	
5	10HHE50AA010XB11	EXT15-2	DOC	2.1.1	11	磨煤机 E1 角出口煤粉排出阀开指令	
6	10HHE50AA010XB12	EXT15-2	DO	2.3.2	1	磨煤机 E1 角出口煤粉排出阀关指令	
7	10HHE50AA020XB11	EXT15-2	DOC	2.2.4	11	磨煤机 E2 角出口煤粉排出阀开指令	
8	10HHE50AA020XB12	EXT15-2	DO	2.3.2	2	磨煤机 E2 角出口煤粉排出阀关指令	
9	10HHE50AA030XB11	EXT15-2	DOC	2.1.2	11	磨煤机 E3 角出口煤粉排出阀开指令	
10	10HHE50AA030XB12	EXT15-2	DO	2.3.2	3	磨煤机 E3 角出口煤粉排出阀关指令	
11	10HHE50AA040XB11	EXT15-2	DOC	2.2.3	11	磨煤机 E4 角出口煤粉排出阀开指令	
12	10HHE50AA040XB12	EXT15-2	DO	2.3.2	4	磨煤机 E4 角出口煤粉排出阀关指令	
13	10HHL51AA101XQ01	CTRL15	AO	1.3.1	1	1 号角 E 层辅助二次风挡板控制指令	
14	10HHL51AA102XQ01	CTRL15	AO	1.4.8	1	1 号角煤粉 E 层燃烧器二次风挡板控制指令	
15	10HHL51AA103XQ01	CTRL15	AO	1.3.1	2	1 号角 E 层油燃烧器二次风挡板控制指令	

表 E.7（续）

序号	信 号 编 码	机柜号	模件类型	模件位置	通道	信 号 描 述	备注
16	10HHL51AA104XQ01	CTRL15	AO	1.3.1	3	1 号角 E 层辅助二次风挡板控制指令	
17	10HHL52AA101XQ01	CTRL15	AO	1.3.2	1	2 号角 E 层辅助二次风挡板控制指令	
18	10HHL52AA102XQ01	CTRL15	AO	1.4.7	1	2 号角煤粉 E 层燃烧器二次风挡板控制指令	
19	10HHL52AA103XQ01	CTRL15	AO	1.3.2	2	2 号角 E 层油燃烧器二次风挡板控制指令	
20	10HHL52AA104XQ01	CTRL15	AO	1.3.2	3	2 号角 E 层辅助二次风挡板控制指令	
21	10HHL53AA101XQ01	CTRL15	AO	1.3.3	1	3 号角 E 层辅助二次风挡板控制指令	
22	10HHL53AA102XQ01	CTRL15	AO	1.4.6	1	3 号角煤粉 E 层燃烧器二次风挡板控制指令	
23	10HHL53AA103XQ01	CTRL15	AO	1.3.3	2	3 号角 E 层油燃烧器二次风挡板控制指令	
24	10HHL53AA104XQ01	CTRL15	AO	1.3.3	3	3 号角 E 层辅助二次风挡板控制指令	
25	10HHL54AA101XQ01	CTRL15	AO	1.3.4	1	4 号角 E 层辅助二次风挡板控制指令	
26	10HHL54AA102XQ01	CTRL15	AO	1.4.5	1	4 号角煤粉 E 层燃烧器二次风挡板控制指令	
27	10HHL54AA103XQ01	CTRL15	AO	1.3.4	2	4 号角 E 层油燃烧器二次风挡板控制指令	
28	10HHL54AA104XQ01	CTRL15	AO	1.3.4	3	4 号角 E 层辅助二次风挡板控制指令	
29	10HJA51AA001XB11	EXT15-2	DOC	2.1.1	1	1 号角 E 层油角快关阀开指令	
30	10HJA51AA001XB12	EXT15-2	DO	2.3.2	5	1 号角 E 层油角快关阀关指令	
31	10HJA52AA001XB11	EXT15-2	DOC	2.2.4	1	2 号角 E 层油角快关阀开指令	
32	10HJA52AA001XB12	EXT15-2	DO	2.3.2	7	2 号角 E 层油角快关阀关指令	
33	10HJA53AA001XB11	EXT15-2	DOC	2.1.2	1	3 号角 E 层油角快关阀开指令	
34	10HJA53AA001XB12	EXT15-2	DO	2.3.2	9	3 号角 E 层油角快关阀关指令	
35	10HJA54AA001XB11	EXT15-2	DOC	2.2.3	1	4 号角 E 层油角快关阀开指令	
36	10HJA54AA001XB12	EXT15-2	DO	2.3.2	11	4 号角 E 层油角快关阀关指令	
37	10HFB50AF001XB11	EXT15-2	DOC	2.1.4	7	给煤机 1E 启动指令	
38	10HFB50AF001XB12	EXT15-2	DOC	2.1.4	8	给煤机 1E 停止指令	
39	10HFC50AJ001XB11	EXT15-2	DOX	2.2.1	1	磨煤机 1E 合闸命令	
40	10HFC50AJ001XB12	EXT15-2	DOX	2.2.1	2	磨煤机 1E 分闸命令	
41	10HFC50AJ002XB11	EXT15-2	DOC	2.1.4	9	磨煤机 1E 旋转分离器远程启动指令	
42	10HFC50AJ002XB12	EXT15-2	DOC	2.1.4	10	磨煤机 1E 旋转分离器远程停止指令	
43	10HFC50AJ002XQ12	CTRL15	AO	1.4.8	3	磨煤机 1E 旋转分离器速度设定值	
44	10MFT00DO511	EXT15-2	DOC	2.1.4	16	磨组 E 运行（To MFT）	
45	10MFT00DO521	EXT15-2	DOC	2.2.2	15	E 层≥2 油阀开启（To MFT）	
46	10MFT00DO531	EXT15-2	DOC	2.1.4	15	E 层≥1 油阀开启（To MFT）	

E.10 DROP16/66 控制站严重故障应急处置预案

E.10.1 故障现象

E.10.1.1 运行检查

1）若 DROP16/66 控制柜失电，则给煤机 F 煤量出现"坏质量"，导致锅炉总煤量坏质量，从而自动退出燃料主控 FM、锅炉主控 BM 以及负荷主控自动，协调控制切至 TF 方式。

2）磨煤机 F 画面上（画面编号 3045 及 3046）部分参数显示坏质量或者"T"字样，运行人员无法监视和操作给煤机 F、磨煤机 F 及其附属设备、F 层油枪、F 层辅助风等控制设备及相关参数。

3）系统状态画面中 DROP16 和 DROP66 图符颜色均显示不正常，出现"灰色"（表示控制器失电或离线）、"橘黄色"（表示控制器故障）、"紫色"（表示需运行人员关注）。

4）给煤机 F 煤量无法控制，或者磨煤机 F 分离器转速无法控制。

E.10.1.2　热控检查

1）查看系统状态画面和故障控制器状态画面中的具体错误信息和故障代码。

2）至相应控制柜查看故障控制器的电源状态。

3）至相应控制柜查看故障控制器的显示灯状态。

4）至相应控制柜查看故障控制器的网络连接情况。

5）至控制柜 CTRL16 查看模拟量指令输出卡（模件位置 1.4.8）的状态。

E.10.2　故障原因

1）DROP16 和 DROP66 控制柜电源失去。

2）DROP16 和 DROP66 一对控制器电源失去。

3）DROP16 和 DROP66 一对控制器软硬件故障。

4）DROP16 和 DROP66 一对控制器失去网络连接。

5）涉及给煤机 F 煤量指令输出和磨煤机 F 分离器转速指令输出的模件故障（模件位置 1.4.8）。

E.10.3　故障后果

1）DROP16 和 DROP66 控制柜电源失去，由于采用继电器动合方式，给煤机 F、磨煤机 F 及其附属设备、相关电动阀门仍保持原先的状态，但已无法对这样设备和阀门进行远程监视和操作。

2）DROP16 和 DROP66 控制柜电源失去，输出模拟量指令至 0mA，一般控制设备会保持当前位置，但已无法对这些设备或调节阀进行远程操作和监视。由于指令信号至 0mA，给煤机 F 迅速降至最低煤量，磨煤机 F 液压加载比例阀至最低油压值。

3）DROP16 和 DROP66 控制柜电源失去，则给煤机 F 煤量出现坏质量，导致锅炉总煤量坏质量，自动退出燃料主控 FM、锅炉主控 BM 以及负荷主控自动。

4）DROP16 和 DROP66 控制器故障，给煤机 F、磨煤机 F 及其附属设备、相关电动隔绝门、调节阀门仍保持原先的状态，但已无法对这样设备和阀门进行远程监视和操作。

5）模拟量指令输出卡（模件位置 1.4.8）故障，则无法控制给煤机 F 转速和磨煤机 F 分离器转速，给煤机 F 煤量失去控制。

E.10.4　故障处理

E.10.4.1　运行处理

1）若燃料主控 FM 未自动切手动，则运行人员立即手动退出 FM 自动，从而会自动退出锅炉主控、负荷主控及 AGC 控制。

2）若给水主控未自动切手动，则运行人员立即将给水控制切至流量设定值控制，并密切观察实际给水量，根据分离器出口温度及焓值来调整给水流量设定值，以维持合适的煤水比。

3）运行人员至就地观察给煤机、磨煤机运行状态，如运行正常，则保持原状。

4）运行人员将磨组 F 相关阀门切至就地方式，并从就地调整阀门至合理位置。

5）值长立即汇报调度，告知机组 AGC 控制和一次调频退出。通知热控人员检查，并要求操作员尽量减少操作，维持机组稳定。

6）运行人员密切监视给煤机煤量、锅炉氧量、主蒸汽温度、主给水流量等参数，必要时切至手动控制。

7）若控制器故障短时间无法恢复，则考虑停磨组处理。由于给煤量无法就地控制，由运行人员就地急停给煤机、磨煤机，就地关闭热风门等相关阀门。由于给水主控退出自动，停磨过程中运行人员应重点关注合适的给水量，保持正常的煤水比。

8）若给煤机 F 煤量指令输出卡故障，运行人员立即将给煤机切至就地方式。如果短时间内无法恢复故障，则停运磨组 F（给煤机煤量指令为 0mA，给煤机至最低转速）。

9）当发现 DROP16 或者 DROP66 控制器故障，或者对故障控制器进行处理时，为确保机组安全运行，应事先停运磨组 F，并根据当前负荷要求启动其他磨组。实现磨组切换后，即使 DROP16/66 全部故障，也不会对机组造成大的影响。

E.10.4.2 维护处理

1）对故障控制器的处理详见"B.2 控制器故障诊断与处理流程图"及相关操作卡。

2）磨煤机停运后，热控人员处理本控制器的故障。

3）恢复故障处理器时，应注意检查由本控制器送往其他控制器的通信信号；如有必要，需在信号接收侧作相应处理，以防故障控制器恢复时这些信号跳变或翻转而导致控制异常。

E.10.5 重要输出信号列表

DROP16/66 控制器主要涉及给煤机 F、磨煤机 F 及其附属设备、F 层油枪、F 层辅助风门，其重要输出信号见表 E.8。

表 E.8 DROP16/66 控制器重要输出信号列表

序号	信号编码	机柜号	模件类型	模件位置	通道	信号描述	备注
1	10HFB60CX019	CTRL15	AO	1.4.8	2	给煤机 F 给煤给定	
2	10HFE60AA110XQ01	CTRL15	AO	1.4.7	2	磨煤机 F 冷一次风挡板控制指令	
3	10HFE60AA120XQ01	CTRL15	AO	1.4.6	2	磨煤机 F 热一次风挡板控制指令	
4	10HFV63AA005XQ01	CTRL15	AO	1.4.5	2	磨煤机 F 比例溢流阀控制指令	
5	10HHE60AA010XB11	EXT15-2	DOC	2.1.1	11	磨煤机 F1 角出口煤粉排出阀开指令	
6	10HHE60AA010XB12	EXT15-2	DO	2.3.2	1	磨煤机 F1 角出口煤粉排出阀关指令	
7	10HHE60AA020XB11	EXT15-2	DOC	2.2.4	11	磨煤机 F2 角出口煤粉排出阀开指令	
8	10HHE60AA020XB12	EXT15-2	DO	2.3.2	2	磨煤机 F2 角出口煤粉排出阀关指令	
9	10HHE60AA030XB11	EXT15-2	DOC	2.1.2	11	磨煤机 F3 角出口煤粉排出阀开指令	
10	10HHE60AA030XB12	EXT15-2	DO	2.3.2	3	磨煤机 F3 角出口煤粉排出阀关指令	
11	10HHE60AA040XB11	EXT15-2	DOC	2.2.3	11	磨煤机 F4 角出口煤粉排出阀开指令	
12	10HHE60AA040XB12	EXT15-2	DO	2.3.2	4	磨煤机 F4 角出口煤粉排出阀关指令	
13	10HHL61AA101XQ01	CTRL15	AO	1.3.1	1	1 号角 F 层辅助二次风挡板控制指令	
14	10HHL61AA102XQ01	CTRL15	AO	1.4.8	1	1 号角煤粉 F 层燃烧器二次风挡板控制指令	
15	10HHL61AA103XQ01	CTRL15	AO	1.3.1	2	1 号角 F 层油燃烧器二次风挡板控制指令	

表 E.8（续）

序号	信 号 编 码	机柜号	模件类型	模件位置	通道	信 号 描 述	备注
16	10HHL61AA104XQ01	CTRL15	AO	1.3.1	3	1 号角 F 层辅助二次风挡板控制指令	
17	10HHL62AA101XQ01	CTRL15	AO	1.3.2	1	2 号角 F 层辅助二次风挡板控制指令	
18	10HHL62AA102XQ01	CTRL15	AO	1.4.7	1	2 号角煤粉 F 层燃烧器二次风挡板控制指令	
19	10HHL62AA103XQ01	CTRL15	AO	1.3.2	2	2 号角 F 层油燃烧器二次风挡板控制指令	
20	10HHL62AA104XQ01	CTRL15	AO	1.3.2	3	2 号角 F 层辅助二次风挡板控制指令	
21	10HHL63AA101XQ01	CTRL15	AO	1.3.3	1	3 号角 F 层辅助二次风挡板控制指令	
22	10HHL63AA102XQ01	CTRL15	AO	1.4.6	1	3 号角煤粉 F 层燃烧器二次风挡板控制指令	
23	10HHL63AA103XQ01	CTRL15	AO	1.3.3	2	3 号角 F 层油燃烧器二次风挡板控制指令	
24	10HHL63AA104XQ01	CTRL15	AO	1.3.3	3	3 号角 F 层辅助二次风挡板控制指令	
25	10HHL64AA101XQ01	CTRL15	AO	1.3.4	1	4 号角 F 层辅助二次风挡板控制指令	
26	10HHL64AA102XQ01	CTRL15	AO	1.4.5	1	4 号角煤粉 F 层燃烧器二次风挡板控制指令	
27	10HHL64AA103XQ01	CTRL15	AO	1.3.4	2	4 号角 F 层油燃烧器二次风挡板控制指令	
28	10HHL64AA104XQ01	CTRL15	AO	1.3.4	3	4 号角 F 层辅助二次风挡板控制指令	
29	10HJA61AA001XB11	EXT15-2	DOC	2.1.1	1	1 号角 F 层油角快关阀开指令	
30	10HJA61AA001XB12	EXT15-2	DO	2.3.2	5	1 号角 F 层油角快关阀关指令	
31	10HJA62AA001XB11	EXT15-2	DOC	2.2.4	1	2 号角 F 层油角快关阀开指令	
32	10HJA62AA001XB12	EXT15-2	DO	2.3.2	7	2 号角 F 层油角快关阀关指令	
33	10HJA63AA001XB11	EXT15-2	DOC	2.1.2	1	3 号角 F 层油角快关阀开指令	
34	10HJA63AA001XB12	EXT15-2	DO	2.3.2	9	3 号角 F 层油角快关阀关指令	
35	10HJA64AA001XB11	EXT15-2	DOC	2.2.3	1	4 号角 F 层油角快关阀开指令	
36	10HJA64AA001XB12	EXT15-2	DO	2.3.2	11	4 号角 F 层油角快关阀关指令	
37	10HFB60AF001XB11	EXT15-2	DOC	2.1.4	7	给煤机 1F 启动指令	
38	10HFB60AF001XB12	EXT15-2	DOC	2.1.4	8	给煤机 1F 停止指令	
39	10HFC60AJ001XB11	EXT15-2	DOX	2.2.1	1	磨煤机 1F 合闸命令	
40	10HFC60AJ001XB12	EXT15-2	DOX	2.2.1	2	磨煤机 1F 分闸命令	
41	10HFC60AJ002XB11	EXT15-2	DOC	2.1.4	9	磨煤机 1F 旋转分离器远程启动指令	
42	10HFC60AJ002XB12	EXT15-2	DOC	2.1.4	10	磨煤机 1F 旋转分离器远程停止指令	
43	10HFC60AJ002XQ12	CTRL15	AO	1.4.8	3	磨煤机 1F 旋转分离器速度设定值	
44	10MFT00DO611	EXT15-2	DOC	2.1.4	16	磨组 F 运行（To MFT）	
45	10MFT00DO621	EXT15-2	DOC	2.2.2	15	F 层≥2 油阀开启（To MFT）	
46	10MFT00DO631	EXT15-2	DOC	2.1.4	15	F 层≥1 油阀开启（To MFT）	

E.11 DROP21/71 控制站严重故障应急处置预案

E.11.1 故障现象

E.11.1.1 运行检查

1）若 DROP21/71 控制柜失电，则分离器水位、分离器出口温度、省煤器出口给水流量、锅炉再循环泵流量出现坏指令，给水自动回路不再工作，驱动给水泵汽轮机自动切至转速控制回路。

2）若 DROP21/71 控制柜失电，则机侧主蒸汽及再热器管道上的相关疏水阀门失电开启。

3）省煤器和蒸发器画面上（画面编号 3000）省煤器出口流量、分离器出口温度、分离器水位、锅炉再循环泵流量等参数显示坏质量或者"T"字样，运行人员无法监视这些参数，无法对再循环泵及相关阀门进行操作。

4）机侧主蒸汽画面上（画面编号 3500）部分蒸汽温度和压力、疏水阀门开度等参数显示坏质量或者"T"字样，运行人员无法监视这些参数，无法对这些疏水阀门进行操作。

5）系统状态画面中 DROP21 和 DROP71 图符颜色均显示不正常，出现"灰色"（表示控制器失电或离线）、"橘黄色"（表示控制器故障）、"紫色"（表示需运行人员关注）。

E.11.1.2　热控检查

1）查看系统状态画面和故障控制器状态画面中的具体错误信息和故障代码。

2）至相应控制柜查看故障控制器的电源状态。

3）至相应控制柜查看故障控制器的显示灯状态。

4）至相应控制柜查看故障控制器的网络连接情况。

E.11.2　故障原因

1）DROP21 和 DROP71 控制柜电源失去。

2）DROP21 和 DROP71 一对控制器电源失去。

3）DROP21 和 DROP71 一对控制器软硬件故障。

4）DROP21 和 DROP71 一对控制器失去网络连接。

E.11.3　故障后果

1）DROP21 和 DROP71 控制柜电源失去，由于采用继电器动合方式，锅炉省煤器、汽水分离器、锅炉再循环泵部分的相关设备和电动阀门会保持当前位置，但已无法对这样设备和阀门进行远程监视和操作。

2）DROP21 和 DROP71 控制柜电源失去，由于采用继电器动合方式，机侧主蒸汽管道、再热蒸汽管道的疏水隔绝电动门会保持当前状态，疏水气动门会失电开启，并无法对这些阀门进行监视和操作。

3）DROP21 和 DROP71 控制器故障，给水自动控制回路不再工作，由于给水流量设定值坏质量，给水泵汽轮机自动切至转速控制回路。但控制器故障后给水控制仍会显示在自动方式而不再更新，故锅炉主控 BM、负荷主控不会自动切手动。

4）DROP21 和 DROP71 控制器故障，省煤器、分离器、再循环泵、机侧疏水等辅机设备和电动阀门会保持原先状态，疏水气动门状态未知，但已无法对这样设备和阀门进行远程监视和操作。

5）DROP21 和 DROP71 控制器故障，失去对分离器水位、分离器温度、省煤器出口给水流量的监视，也失去了这些参数越限而使锅炉 MFT 动作的自动保护功能。

6）DROP21 和 DROP71 控制器故障，无法对省煤器进口调节阀进行调节，如锅炉正处于启动阶段需要该调节阀进行给水调节，则会造成给水失控，影响设备安全。

E.11.4　故障处理

E.11.4.1　运行处理

1）运行人员立即手动退出锅炉主控、负荷主控及 AGC 控制，给水流量通过设定给水泵汽轮机转速来调节。

2）值长立即汇报调度，告知机组 AGC 控制和一次调频退出。通知热控人员检查，并要求操作员尽量减少操作，维持机组稳定。

3）通过监视相关金属壁温，并通过调节高压加热器出口给水流量来控制分离器出口温度；如相关温度过高，应立即手动 MFT。

4）若锅炉处于启动阶段，需要采用省煤器进口调节阀进行给水调节，但由于控制器故障，无法调整该调节阀，因此失去了对给水流量的控制。应立即将该调节阀切至就地方式，就地进行调整；或者立即手动 MFT。

5）若锅炉处于湿态阶段，由于控制器故障无法对分离器疏水门进行操作，如果分离器水位过高或过低，则运行人员手动 MFT。

6）若锅炉处于湿态阶段，且再循环泵正在运行，则运行人员立即至就地，根据需要就地停止再循环泵；或者立即手动 MFT。

7）由于失去了给水流量低、分离器出口温度高、分离器水位高等锅炉保护，如果短时间内控制器故障无法恢复，则经领导同意，汇报调度后，执行停机操作。

8）对 DROP21 或者 DROP71 故障控制器进行处理时，为确保机组安全运行，应事先申请退出 AGC 和一次调频，保持机组负荷稳定，并退出锅炉主控和给水自动，给水流量通过设定给水泵汽轮机转速来调节。这样，即使 DROP21/71 全部故障，也不会对锅炉给水造成大的扰动，可维持分离器出口温度等参数的相对稳定。

E.11.4.2　维护处理

1）对故障控制器的处理详见"B.2 控制器故障诊断与处理流程图"及相关操作卡。

2）恢复故障处理器时，应注意检查由本控制器送往其他控制器的通信信号；如有必要，需在信号接收侧作相应处理，以防故障控制器恢复时这些信号跳变或翻转而导致控制异常。

E.11.5　重要输出信号列表

DROP21/71 控制器主要涉及锅炉省煤器、蒸发器、汽水分离器，启动再循环系统，机侧主蒸汽、再热蒸汽管道疏水等系统，涉及给水主控，采用分离器焓值控制形成给水指令至两台给水泵汽轮机，其重要输出信号见表 E.9。

表 E.9　DROP21/71 控制器重要输出信号列表

序号	信号编码	机柜号	模件类型	模件位置	通道	信　号　描　述	备注
1	10HAG11AA101XQ01	CTRL21	AO	1.4.8	3	锅炉启动循环泵补水电动调节阀控制指令	
2	10HAG12AA111XQ01	CTRL21	AO	1.4.5	3	启动分离器疏水液动调节阀 A 控制指令	
3	10HAG12AA121XQ01	CTRL21	AO	1.4.4	2	启动分离器疏水液动调节阀 B 控制指令	
4	10HAG23AA101XQ01	CTRL21	AO	1.4.4	3	暖管疏水调节阀控制指令	
5	10HAG30AA101XQ01	CTRL21	AO	1.4.8	1	锅炉启动循环泵出口电动调节阀控制指令	
6	10HAG31AA001XQ01	CTRL21	AO	1.4.8	2	锅炉启动循环泵最小流量电动阀控制指令	
7	10LAB90AA001XB11	EXT21-1	DOC	1.8.3	1	省煤器进口旁路电动阀开指令	
8	10LAB90AA001XB12	EXT21-1	DOC	1.8.3	2	省煤器进口旁路电动阀关指令	
9	10LAB90AA101XQ01	CTRL21	AO	1.4.4	4	省煤器进口电动调节阀控制指令	
10	10LBA21AA402XQ01	CTRL21	AO	1.4.7	1	主蒸汽管 A 疏水管疏水阀控制指令	
11	10LBA22AA402XQ01	CTRL21	AO	1.4.6	1	主蒸汽管 B 疏水管疏水阀控制指令	

表 E.9（续）

序号	信号编码	机柜号	模件类型	模件位置	通道	信 号 描 述	备注
12	10LBA31AA101XQ01	CTRL21	AO	1.4.7	2	主汽阀 A 预暖管疏水阀控制指令	
13	10LBA32AA101XQ01	CTRL21	AO	1.4.6	2	主汽阀 B 预暖管疏水阀控制指令	
14	10LBB22AA404XQ01	CTRL21	AO	1.4.4	1	热再热蒸汽管 B 疏水管道疏水阀控制指令	
15	10LBB32AA404XB12	EXT21-1	DOC	1.8.2	15	低压旁路 B 前蒸汽疏水阀关指令	
16	10LBB31AA402XQ01	CTRL21	AO	1.4.5	1	热再热蒸汽管 A 疏水管道疏水阀控制指令	
17	10LBC10AA404XB11	EXT21-1	DOC	1.8.3	15	冷再热管疏水袋疏水阀开指令	
18	10LBE30AA011XB11	EXT21-1	DOC	1.8.2	12	主汽暖管阀 A 喷水气动阀开指令	
19	10LBE30AA021XB11	EXT21-1	DOC	1.8.1	12	主汽暖管阀 B 喷水气动阀开指令	
20	10LBE30AA111XQ01	CTRL21	AO	1.4.7	3	主汽暖管阀 A 喷水调节阀控制指令	
21	10LBE30AA121XQ01	CTRL21	AO	1.4.6	3	主汽暖管阀 B 喷水调节阀控制指令	
22	10HAG20AP001XB11	EXT21-1	DOX	1.7.1	1	1 号锅炉启动再循环泵合闸命令	
23	10HAG20AP001XB12	EXT21-1	DOX	1.7.1	2	1 号锅炉启动再循环泵分闸命令	
24	10LCL31AP001XB11	EXT21-1	DOX	1.7.1	3	锅炉循环泵冷却水升压泵 1A 合闸命令	
25	10LCL31AP001XB12	EXT21-1	DOX	1.7.1	4	锅炉循环泵冷却水升压泵 1A 分闸命令	
26	10LCL32AP001XB11	EXT21-1	DOX	1.7.1	5	锅炉循环泵冷却水升压泵 1B 合闸命令	
27	10LCL32AP001XB12	EXT21-1	DOX	1.7.1	6	锅炉循环泵冷却水升压泵 1B 分闸命令	
28	10MFT00DO006A	EXT21-1	DOC	1.8.2	9	分离器水位高 MFT1（to MFT）	
29	10MFT00DO006B	EXT21-1	DOC	1.8.1	9	分离器水位高 MFT2（to MFT）	
30	10MFT00DO006C	EXT21-1	DOC	1.7.2	9	分离器水位高 MFT3（to MFT）	
31	10MFT00DO007A	EXT21-1	DOC	1.8.2	10	给水流量低 MFT1（to MFT）	
32	10MFT00DO007B	EXT21-1	DOC	1.8.1	10	给水流量低 MFT2（to MFT）	
33	10MFT00DO007C	EXT21-1	DOC	1.7.2	10	给水流量低 MFT3（to MFT）	
34	10MFT00DO008A	EXT21-1	DOC	1.8.2	11	分离器温度高 MFT1（to MFT）	
35	10MFT00DO008B	EXT21-1	DOC	1.8.1	11	分离器温度高 MFT2（to MFT）	
36	10MFT00DO008C	EXT21-1	DOC	1.7.2	11	分离器温度高 MFT3（to MFT）	
37	10CRA00CJJ31S305	EXT21-1	DOC	1.7.2	12	汽轮机已并网	
38	10CRA00CJJ31S306	EXT21-1	DOC	1.7.2	13	汽轮机跳闸	
39	10CRA00CJJ31S316	EXT21-1	DOC	1.7.2	14	凝汽器保护	
40	10CRA00CJJ31S319	EXT21-1	DOC	1.7.2	15	汽轮机接收全部蒸汽	

E.12 DROP22/72 控制站严重故障应急处置预案

E.12.1 故障现象

E.12.1.1 运行检查

1）再热器系统画面上（画面编号 3003）再热器安全门开度等参数显示坏质量或者"T"字样，运行人员无法监视再热器安全门的状态。

2）高、低压旁路系统画面上（画面编号 3600）高、低压旁路阀位及减温喷水阀门状态等参数显示坏质量或者"T"字样，运行人员无法监视高、低压旁路的状态。

3）锅炉疏放系统画面上（画面编号 3001）锅炉疏水箱水位等参数显示坏质量或者"T"字样，运行人员无法监视这些参数，无法对锅炉疏水泵，疏水、放水阀门等设备进行操作。

4）锅炉水冷壁温度监视画面上（画面编号 3052）所有水冷壁温度参数均显示坏质量或者"T"字样，运行人员无法监视这些参数。

5）系统状态画面中 DROP22 和 DROP72 图符颜色均显示不正常，出现"灰色"（表示控制器失电或离线）、"橘黄色"（表示控制器故障）、"紫色"（表示需运行人员关注）。

E.12.1.2 热控检查

1）查看系统状态画面和故障控制器状态画面中的具体错误信息和故障代码。

2）至相应控制柜和远程柜查看故障控制器的电源状态。

3）至相应控制柜和远程柜查看故障控制器的显示灯状态。

4）至相应控制柜和远程柜查看故障控制器的网络连接情况。

E.12.2 故障原因

1）DROP22 和 DROP72 控制柜电源失去。

2）DROP22 和 DROP72 一对控制器电源失去。

3）DROP22 和 DROP72 一对控制器软硬件故障。

4）DROP22 和 DROP72 一对控制器失去网络连接。

5）DROP22 和 DROP72 的远程柜失去电源或失去网络连接。

E.12.3 故障后果

1）DROP22 和 DROP72 控制柜失电，送至高、低压旁路的压力设定值坏质量，高、低压旁路会保持原先状态，但已无法监视高、低压旁路状态。再热器安全门的开度指令坏质量，再热器安全门会保持原先状态，但已无法监视再热器安全门状态。

2）DROP22 和 DROP72 控制站故障，送至高、低压旁路的压力设定值和再热器安全门开度指令无法判断是否正确，高、低压旁路和再热器安全门可能会失控。

3）DROP22 和 DROP72 控制站故障，锅炉疏水、放水电动阀门保持原先状态，但已无法对这些阀门进行操作。

4）DROP22 和 DROP72 控制站故障，锅炉疏水箱水位等参数无法监视，疏水箱系统的相关设备无法监视和操作。

E.12.4 故障处理

E.12.4.1 运行处理

1）至电子间旁路控制柜查看旁路状态，必要时将旁路控制切至就地模式，手动改变压力设定值，以维持机组安全运行。

2）运行人员立即至现场查看安全门状态，若安全门误动，则采取相关运行措施，防止事故扩大。

3）值长立即汇报调度，申请退出机组 AGC 控制和一次调频。通知热控人员检查，并要求操作员尽量减少操作，维持机组稳定。

4）运行人员立即至就地查看锅炉疏水箱系统，必要时手动停止疏水泵，并就地调整相关阀门位置，注意凝疏门状态，防止机组真空下降。

5）对 DROP22 或者 DROP72 故障控制器进行处理时，为确保机组安全运行，应事先申请退出 AGC 和一次调频，保持机组负荷稳定，并做好防止旁路和再热器安全门误动的安全措施。

E.12.4.2 维护处理

1）对故障控制器的处理详见"B.2 控制器故障诊断与处理流程图"及相关操作卡。

2）恢复故障处理器时，应注意检查由本控制器送往其他控制器的通信信号；如有必要，需在信号接收侧作相应处理，以防故障控制器恢复时这些信号跳变或翻转而导致控制异常。

E.12.5 重要输出信号列表

DROP22/72 控制器主要涉及锅炉疏水、放水系统，高、低压旁路接口信号（包括高、低压旁路压力设定值），再热器安全门等系统，还包括锅炉水冷壁壁温的远程 I/O 监视，其重要输出信号见表 E.10。

表 E.10　DROP22/72 控制器重要输出信号列表

序号	信号编码	机柜号	模块类型	模块位置	通道	信号描述	备注
1	10CRA00CJJ31S001	CTRL22	AO	1.2.3	1	SP HP-Bypass pressure（by DCS）	
2	10CRA00CJJ31S003	CTRL22	AO	1.2.3	3	SP HRH pressure（by DCS）	
3	10HAC10AA001XB11	EXT22-1	DOC	1.7.1	1	省煤器放气电动截止阀开指令	
4	10HAC10AA001XB12	EXT22-1	DOC	1.7.1	2	省煤器放气电动截止阀关指令	
5	10HAC10AA401XB11	EXT22-1	DOC	1.7.1	5	省煤器疏水电动阀 A 开指令	
6	10HAC10AA401XB12	EXT22-1	DOC	1.7.1	6	省煤器疏水电动阀 A 关指令	
7	10HAC10AA402XB11	EXT22-1	DOC	1.7.1	7	省煤器疏水电动阀 B 开指令	
8	10HAC10AA402XB12	EXT22-1	DOC	1.7.1	8	省煤器疏水电动阀 B 关指令	
9	10HAD01AA411XB11	EXT22-1	DOC	1.7.1	9	水冷壁疏水电动阀 1A 开指令	
10	10HAD01AA411XB12	EXT22-1	DOC	1.7.1	10	水冷壁疏水电动阀 1A 关指令	
11	10HAD01AA412XB11	EXT22-1	DOC	1.7.2	1	水冷壁疏水电动阀 1B 开指令	
12	10HAD01AA412XB12	EXT22-1	DOC	1.7.2	2	水冷壁疏水电动阀 1B 关指令	
13	10HAD01AA413XB11	EXT22-1	DOC	1.7.1	11	水冷壁疏水电动阀 2A 开指令	
14	10HAD01AA413XB12	EXT22-1	DOC	1.7.1	12	水冷壁疏水电动阀 2A 关指令	
15	10HAD01AA414XB11	EXT22-1	DOC	1.7.2	3	水冷壁疏水电动阀 2B 开指令	
16	10HAD01AA414XB12	EXT22-1	DOC	1.7.2	4	水冷壁疏水电动阀 2B 关指令	
17	10HAH10AA411XB11	EXT22-1	DOC	1.8.3	1	一级过热器出口疏水电动阀 1 开指令	
18	10HAH10AA411XB12	EXT22-1	DOC	1.8.3	2	一级过热器出口疏水电动阀 1 关指令	
19	10HAH10AA412XB11	EXT22-1	DOC	1.8.3	3	一级过热器出口疏水电动阀 2 开指令	
20	10HAH10AA412XB12	EXT22-1	DOC	1.8.3	4	一级过热器出口疏水电动阀 2 关指令	
21	10HAH20AA401XB11	EXT22-1	DOC	1.8.3	5	二级过热器出口疏水电动阀 1 开指令	
22	10HAH20AA401XB12	EXT22-1	DOC	1.8.3	6	二级过热器出口疏水电动阀 1 关指令	
23	10HAH20AA402XB11	EXT22-1	DOC	1.8.3	7	二级过热器出口疏水电动阀 2 开指令	
24	10HAH20AA402XB12	EXT22-1	DOC	1.8.3	8	二级过热器出口疏水电动阀 2 关指令	
25	10HAH30AA401XB11	EXT22-1	DOC	1.8.3	9	三级过热器进口疏水电动阀 1 开指令	

表 E.10（续）

序号	信 号 编 码	机柜号	模块类型	模块位置	通道	信 号 描 述	备注
26	10HAH30AA401XB12	EXT22-1	DOC	1.8.3	10	三级过热器进口疏水电动阀 1 关指令	
27	10HAH30AA402XB11	EXT22-1	DOC	1.8.3	11	三级过热器进口疏水电动阀 2 开指令	
28	10HAH30AA402XB12	EXT22-1	DOC	1.8.3	12	三级过热器进口疏水电动阀 2 关指令	
29	10HAN10AA021XB11	EXT22-1	DOC	1.8.2	5	过热器疏水集箱电动阀 1 开指令	
30	10HAN10AA021XB12	EXT22-1	DOC	1.8.2	6	过热器疏水集箱电动阀 1 关指令	
31	10HAN10AA022XB11	EXT22-1	DOC	1.8.2	7	过热器疏水集箱电动阀 2 开指令	
32	10HAN10AA022XB12	EXT22-1	DOC	1.8.2	8	过热器疏水集箱电动阀 2 关指令	
33	10HAN10AA101XQ01	CTRL22	AO	1.2.8	2	过热器疏水集箱水位调节阀控制指令	
34	10HAN20AA101XQ01	CTRL22	AO	1.2.8	3	再热器疏水集箱水位调节阀控制指令	
35	10LCL33AA101XQ01	CTRL22	AO	1.2.8	1	凝结水箱水位调节阀控制指令	
36	10LCL31AP011XB11	EXT22-1	DOX	1.6.2	1	锅炉启动系统疏水泵 1A 合闸命令	
37	10LCL31AP011XB12	EXT22-1	DOX	1.6.2	2	锅炉启动系统疏水泵 1A 分闸命令	
38	10LCL32AP021XB11	EXT22-1	DOX	1.6.1	1	锅炉启动系统疏水泵 1B 合闸命令	
39	10LCL32AP021XB12	EXT22-1	DOX	1.6.1	2	锅炉启动系统疏水泵 1B 分闸命令	
40	10LBB11AA191XB11	EXT22-1	DOC	1.7.2	11	Quick open RH1 Safety l Valve（PCS1）	
41	10LBB11AA191XQ01	CTRL22	AO	1.2.8	4	Setpoint RH1 Safety Valve（PCS1）	
42	10LBB13AA191XB11	EXT22-1	DOC	1.7.2	12	Quick open RH3 Safety l Valve（PCS1）	
43	10LBB13AA191XQ01	CTRL22	AO	1.2.7	4	Setpoint RH3 Safety Valve（PCS1）	
44	10LBB12AA191XB11	EXT22-1	DOC	1.8.1	10	Quick open RH2 Safety l Valve（PCS2）	
45	10LBB12AA191XQ01	CTRL22	AO	1.2.6	4	Setpoint RH2 Safety Valve（PCS2）	
46	10LBB14AA191XB11	EXT22-1	DOC	1.8.1	11	Quick open RH4 Safety l Valve（PCS2）	
47	10LBB14AA191XQ01	CTRL22	AO	1.2.5	4	Setpoint RH4 Safety Valve（PCS2）	
48	10HAD01AA403XB11	EXT22-1	DOC	1.6.3	1	水冷壁下集箱疏水电动阀 C 开指令	
49	10HAD01AA403XB12	EXT22-1	DOC	1.6.3	2	水冷壁下集箱疏水电动阀 C 关指令	
50	10HAD01AA404XB11	EXT22-1	DOC	1.6.3	3	水冷壁下集箱疏水电动阀 D 开指令	
51	10HAD01AA404XB12	EXT22-1	DOC	1.6.3	4	水冷壁下集箱疏水电动阀 D 关指令	

E.13 DROP24/74 控制站严重故障应急处置预案

E.13.1 故障现象

E.13.1.1 运行检查

1）过热器及减温喷水画面上（画面编号 3002）过热蒸汽压力、温度、流量，减温喷水流量、阀门开度等参数显示坏质量或者"T"字样，运行人员无法监视这些参数，无法对过热减温喷水阀门进行操作。

2）再热器及减温喷水画面上（画面编号 3003）再热蒸汽压力、温度，减温喷水流量、阀门开度等参数显示坏质量或者"T"字样，运行人员无法监视这些参数，无法对再热减温喷水阀门进行操作。

3）二次风总貌画面上（画面编号 3027）燃烧器摆动喷嘴位置反馈等参数显示坏质量或者"T"字样，运行人员无法监视这些参数，无法对摆动喷嘴进行操作。

4）系统状态画面中 DROP24 和 DROP74 图符颜色均显示不正常，出现"灰色"（表示控制器失电或离线）、"橘黄色"（表示控制器故障）、"紫色"（表示需运行人员关注）。

E.13.1.2 热控检查

1）查看系统状态画面和故障控制器状态画面中的具体错误信息和故障代码。

2）至相应控制柜查看故障控制器的电源状态。

3）至相应控制柜查看故障控制器的显示灯状态。

4）至相应控制柜查看故障控制器的网络连接情况。

E.13.2 故障原因

1）DROP24 和 DROP74 控制柜电源失去。

2）DROP24 和 DROP74 一对控制器电源失去。

3）DROP24 和 DROP74 一对控制器软硬件故障。

4）DROP24 和 DROP74 一对控制器失去网络连接。

E.13.3 故障后果

1）DROP24 和 DROP74 控制站故障，失去过热蒸汽温度的监视，无法操作减温喷水阀门，导致过热蒸汽温度的失控，影响设备安全。

2）DROP24 和 DROP74 控制站故障，失去再热蒸汽温度的监视，无法操作减温喷水阀门，导致再热蒸汽温度的失控，影响设备安全。

3）DROP24 和 DROP74 控制站故障，无法监视和操作燃烧器摆动喷嘴。

E.13.4 故障处理

E.13.4.1 运行处理

1）值长立即汇报调度，申请退出机组 AGC 控制和一次调频。通知热控人员检查，并要求操作员尽量减少操作，维持机组稳定。

2）运行人员通过观察 DEH 侧的主蒸汽温度来判断炉侧过热蒸汽温度情况，并至就地保持与监盘人员的通信联系，调整减温喷水阀门，以控制过热蒸汽温度。

3）运行人员通过观察 DEH 侧的再热蒸汽温度来判断炉侧再热蒸汽温度情况，并至就地保持与监盘人员的通信联系，调整减温喷水阀门，以控制再热蒸汽温度。

4）若短时间内控制器故障无法排除，或者主蒸汽温度、再热蒸汽温度失控，超过某一定值或降低至某一定值、温度变化率超过某一定值时，值长汇报调度的同时，运行人员应立即手动 MFT，紧急停机。

E.13.4.2 维护处理

对故障控制器的处理详见"B.2 控制器故障诊断与处理流程图"及相关操作卡。

E.13.5 重要输出信号列表

DROP24/74 控制器主要涉及过热蒸汽温度及减温喷水、再热蒸汽温度及减温喷水、燃烧器摆动喷嘴等，其重要输出信号见表 E.11。

表 E.11 DROP24/74 控制器重要输出信号列表

序号	信 号 编 码	机柜号	模件类型	模件位置	通道	信 号 描 述	备注
1	10HHA71AS001XQ01	CTRL24	AO	1.3.7	1	1 号角 SOFA 风摆动挡板控制指令	
2	10HHA72AS001XQ01	CTRL24	AO	1.3.7	2	2 号角 SOFA 风摆动挡板控制指令	

表 E.11（续）

序号	信号编码	机柜号	模件类型	模件位置	通道	信　号　描　述	备注
3	10HHA73AS001XQ01	CTRL24	AO	1.3.7	3	3 号角 SOFA 风摆动挡板控制指令	
4	10HHA74AS001XQ01	CTRL24	AO	1.3.7	4	4 号角 SOFA 风摆动挡板控制指令	
5	10HHL11AS001XQ01	CTRL24	AO	1.3.4	1	1 号角 A、B 层摆动喷嘴控制指令	
6	10HHL12AS001XQ01	CTRL24	AO	1.3.4	2	2 号角 A、B 层摆动喷嘴控制指令	
7	10HHL13AS001XQ01	CTRL24	AO	1.3.4	3	3 号角 A、B 层摆动喷嘴控制指令	
8	10HHL14AS001XQ01	CTRL24	AO	1.3.4	4	4 号角 A、B 层摆动喷嘴控制指令	
9	10HHL31AS001XQ01	CTRL24	AO	1.3.5	1	1 号角 C、D 层摆动喷嘴控制指令	
10	10HHL32AS001XQ01	CTRL24	AO	1.3.5	2	2 号角 C、D 层摆动喷嘴控制指令	
11	10HHL33AS001XQ01	CTRL24	AO	1.3.5	3	3 号角 C、D 层摆动喷嘴控制指令	
12	10HHL34AS001XQ01	CTRL24	AO	1.3.5	4	4 号角 C、D 层摆动喷嘴控制指令	
13	10HHL51AS001XQ01	CTRL24	AO	1.3.6	1	1 号角 E、F 层摆动喷嘴控制指令	
14	10HHL52AS001XQ01	CTRL24	AO	1.3.6	2	2 号角 E、F 层摆动喷嘴控制指令	
15	10HHL53AS001XQ01	CTRL24	AO	1.3.6	3	3 号角 E、F 层摆动喷嘴控制指令	
16	10HHL54AS001XQ01	CTRL24	AO	1.3.6	4	4 号角 E、F 层摆动喷嘴控制指令	
17	10LAE11AA101XQ01	CTRL24	AO	1.4.6	1	过热器一级减温水电动调节阀 A 控制指令	
18	10LAE12AA101XQ01	CTRL24	AO	1.4.6	2	过热器一级减温水电动调节阀 B 控制指令	
19	10LAE13AA101XQ01	CTRL24	AO	1.4.5	1	过热器一级减温水电动调节阀 C 控制指令	
20	10LAE14AA101XQ01	CTRL24	AO	1.4.5	2	过热器一级减温水电动调节阀 D 控制指令	
21	10LAE21AA101XQ01	CTRL24	AO	1.4.3	1	过热器二级减温水电动调节阀 A 控制指令	
22	10LAE22AA101XQ01	CTRL24	AO	1.4.3	2	过热器二级减温水电动调节阀 B 控制指令	
23	10LAE23AA101XQ01	CTRL24	AO	1.4.4	1	过热器二级减温水电动调节阀 C 控制指令	
24	10LAE24AA101XQ01	CTRL24	AO	1.4.4	2	过热器二级减温水电动调节阀 D 控制指令	
25	10LAF01AA101XQ01	CTRL24	AO	1.4.2	1	再热器事故喷水电动调节阀 A 控制指令	
26	10LAF02AA101XQ01	CTRL24	AO	1.4.2	2	再热器事故喷水电动调节阀 B 控制指令	
27	10LAF11AA101XQ01	CTRL24	AO	1.4.6	3	再热器微量喷水电动调节阀 A 控制指令	
28	10LAF12AA101XQ01	CTRL24	AO	1.4.5	3	再热器微量喷水电动调节阀 B 控制指令	
29	10LAF13AA101XQ01	CTRL24	AO	1.4.4	3	再热器微量喷水电动调节阀 C 控制指令	
30	10LAF14AA101XQ01	CTRL24	AO	1.4.3	3	再热器微量喷水电动调节阀 D 控制指令	
31	10MFT00DO027A	EXT24-2	DOC	2.3.1	9	再热器压力高 MFT1（to MFT）	
32	10MFT00DO027B	EXT24-2	DOC	2.3.2	9	再热器压力高 MFT2（to MFT）	
33	10MFT00DO027C	EXT24-2	DOC	2.4.3	9	再热器压力高 MFT3（to MFT）	

E.14　DROP25/75 控制站严重故障应急处置预案

E.14.1　故障现象

E.14.1.1　运行检查

1）二次风总貌画面上（画面编号 3027）CCOFA 风挡板开度、SOFA 风挡板开度等参数显示坏质量或者"T"字样，运行人员无法监视和操作 CCOFA、SOFA 风挡板。

2）脱硝系统画面上（画面编号 30）NO_x 含量等参数显示坏质量或者"T"字样，运行人员无法监视这些参数，无法对脱硝系统的相关设备和阀门进行操作。

3）脱硝系统吹灰画面上（画面编号 30）吹灰蒸汽压力等参数显示坏质量或者"T"字样，运行人员无法监视这些参数，无法对脱硝吹灰系统的相关阀门进行操作。

4）系统状态画面中 DROP25 和 DROP75 图符颜色均显示不正常，出现"灰色"（表示控制器失电或离线）、"橘黄色"（表示控制器故障）、"紫色"（表示需运行人员关注）。

E.14.1.2　热控检查

1）查看系统状态画面和故障控制器状态画面中的具体错误信息和故障代码。

2）至相应控制柜查看故障控制器的电源状态。

3）至相应控制柜查看故障控制器的显示灯状态。

4）至相应控制柜查看故障控制器的网络连接情况。

E.14.2　故障原因

1）DROP25 和 DROP75 控制柜电源失去。

2）DROP25 和 DROP75 一对控制器电源失去。

3）DROP25 和 DROP75 一对控制器软硬件故障。

4）DROP25 和 DROP75 一对控制器失去网络连接。

E.14.3　故障后果

1）DROP25 和 DROP75 控制站故障，无法监视和操作 CCOFA 风、SOFA 风挡板。

2）DROP25 和 DROP75 控制站故障，无法监视和操作脱硝系统的相关设备和阀门。

3）DROP25 和 DROP75 控制站故障，无法监视和操作脱硝吹灰系统的相关阀门。

E.14.4　故障处理

E.14.4.1　运行处理

1）运行人员应立即至现场，就地停运稀释风机，并将相关阀门切至就地，手动调整至合理位置，以及时退出脱硝系统。

2）根据锅炉运行情况，必要时运行人员至就地调整 CCOFA 风、SOFA 风挡板，以维持锅炉安全、稳定运行。

E.14.4.2　维护处理

对故障控制器的处理详见"B.2 控制器故障诊断与处理流程图"及相关操作卡。

E.14.5　重要输出信号列表

DROP25/75 控制器主要涉及锅炉 CCOFA 风、SOFA 风控制，脱硝系统（包括稀释风机、脱硝吹灰等），以及采用智能前端通信方式的过热器和再热器壁温监视，其重要输出信号见表 E.12。

表 E.12　DROP25/75 控制器重要输出信号列表

序号	信号编码	机柜号	模件类型	模件位置	通道	信号描述	备注
1	10HHL61AA105XQ01	CTRL25	AO	1.3.1	1	1 号角 CCOFA 风挡板控制指令	
2	10HHL61AA106XQ01	CTRL25	AO	1.4.5	1	1 号角 CCOFA 风挡板控制指令	
3	10HHL62AA105XQ01	CTRL25	AO	1.3.1	2	2 号角 CCOFA 风挡板控制指令	
4	10HHL62AA106XQ01	CTRL25	AO	1.4.5	2	2 号角 CCOFA 风挡板控制指令	

表 E.12（续）

序号	信号编码	机柜号	模件类型	模件位置	通道	信号描述	备注
5	10HHL63AA105XQ01	CTRL25	AO	1.3.1	3	3 号角 CCOFA 风挡板控制指令	
6	10HHL63AA106XQ01	CTRL25	AO	1.4.5	3	3 号角 CCOFA 风挡板控制指令	
7	10HHL64AA105XQ01	CTRL25	AO	1.3.1	4	4 号角 CCOFA 风挡板控制指令	
8	10HHL64AA106XQ01	CTRL25	AO	1.4.5	4	4 号角 CCOFA 风挡板控制指令	
9	10HHL71AA101XQ01	CTRL25	AO	1.3.2	1	1 号角 SOFA 风挡板控制指令	
10	10HHL71AA102XQ01	CTRL25	AO	1.4.4	1	1 号角 SOFA 风挡板控制指令	
11	10HHL71AA103XQ01	CTRL25	AO	1.3.3	1	1 号角 SOFA 风挡板控制指令	
12	10HHL71AA104XQ01	CTRL25	AO	1.4.3	1	1 号角 SOFA 风挡板控制指令	
13	10HHL71AA105XQ01	CTRL25	AO	1.3.4	1	1 号角 SOFA 风挡板控制指令	
14	10HHL71AA106XQ01	CTRL25	AO	1.4.2	1	1 号角 SOFA 风挡板控制指令	
15	10HHL72AA101XQ01	CTRL25	AO	1.3.2	2	2 号角 SOFA 风挡板控制指令	
16	10HHL72AA102XQ01	CTRL25	AO	1.4.4	2	2 号角 SOFA 风挡板控制指令	
17	10HHL72AA103XQ01	CTRL25	AO	1.3.3	2	2 号角 SOFA 风挡板控制指令	
18	10HHL72AA104XQ01	CTRL25	AO	1.4.3	2	2 号角 SOFA 风挡板控制指令	
19	10HHL72AA105XQ01	CTRL25	AO	1.3.4	2	2 号角 SOFA 风挡板控制指令	
20	10HHL72AA106XQ01	CTRL25	AO	1.4.2	2	2 号角 SOFA 风挡板控制指令	
21	10HHL73AA101XQ01	CTRL25	AO	1.3.2	3	3 号角 SOFA 风挡板控制指令	
22	10HHL73AA102XQ01	CTRL25	AO	1.4.4	3	3 号角 SOFA 风挡板控制指令	
23	10HHL73AA103XQ01	CTRL25	AO	1.3.3	3	3 号角 SOFA 风挡板控制指令	
24	10HHL73AA104XQ01	CTRL25	AO	1.4.3	3	3 号角 SOFA 风挡板控制指令	
25	10HHL73AA105XQ01	CTRL25	AO	1.3.4	3	3 号角 SOFA 风挡板控制指令	
26	10HHL73AA106XQ01	CTRL25	AO	1.4.2	3	3 号角 SOFA 风挡板控制指令	
27	10HHL74AA101XQ01	CTRL25	AO	1.3.2	4	4 号角 SOFA 风挡板控制指令	
28	10HHL74AA102XQ01	CTRL25	AO	1.4.4	4	4 号角 SOFA 风挡板控制指令	
29	10HHL74AA103XQ01	CTRL25	AO	1.3.3	4	4 号角 SOFA 风挡板控制指令	
30	10HHL74AA104XQ01	CTRL25	AO	1.4.3	4	4 号角 SOFA 风挡板控制指令	
31	10HHL74AA105XQ01	CTRL25	AO	1.3.4	4	4 号角 SOFA 风挡板控制指令	
32	10HHL74AA106XQ01	CTRL25	AO	1.4.2	4	4 号角 SOFA 风挡板控制指令	
33	10HSC01KN010XB12	EXT25-1	DOX	1.7.3	1	稀释风机 A 断路器分闸命令	
34	10HSC01KN010XB11	EXT25-1	DOX	1.7.3	2	稀释风机 A 断路器合闸命令	
35	10HSC02KN010XB12	EXT25-1	DOX	1.7.3	3	稀释风机 B 断路器分闸命令	
36	10HSC02KN010XB11	EXT25-1	DOX	1.7.3	4	稀释风机 B 断路器合闸命令	
37	10HSJ01AA003XB11	EXT25-1	DOC	1.8.1	8	SCR NH$_3$ 进给阀开指令	
38	10HSJ01AA101XQ01	EXT25-1	AO	1.6.4	1	SCR NH$_3$ 进给调节阀位置指令	

E.15 DROP26/76 控制站严重故障应急处置预案

E.15.1 故障现象

E.15.1.1 运行检查

1）所有画面下方参数条中炉膛负压显示坏质量或者"T"字样。

2）风烟系统画面上（画面编号 3004）A 侧二次风量、风烟温度、辅机电流等参数显示坏质量或者"T"字样，运行人员无法监视这些参数，无法对 A 侧风烟系统的相关辅机和挡板阀门进行操作。

3）一次风机 A 及油系统画面上（画面编号 3010）轴承温度、电动机线圈温度、油温、油压等参数显示坏质量或者"T"字样，运行人员无法监视这些参数。

4）送风机 A 及油系统画面上（画面编号 3012）轴承温度、电动机线圈温度、油温、油压等参数显示坏质量或者"T"字样，运行人员无法监视这些参数。

5）引风机 A 及油系统画面上（画面编号 3014）轴承温度、电动机线圈温度、油温、油压等参数显示坏质量或者"T"字样，运行人员无法监视这些参数。

6）系统状态画面中 DROP26 和 DROP76 图符颜色均显示不正常，出现"灰色"（表示控制器失电或离线）、"橘黄色"（表示控制器故障）、"紫色"（表示需运行人员关注）。

E.15.1.2 热控检查

1）查看系统状态画面和故障控制器状态画面中的具体错误信息和故障代码。

2）至相应控制柜查看故障控制器的电源状态。

3）至相应控制柜查看故障控制器的显示灯状态。

4）至相应控制柜查看故障控制器的网络连接情况。

E.15.2 故障原因

1）DROP26 和 DROP76 控制柜电源失去。

2）DROP26 和 DROP76 一对控制器电源失去。

3）DROP26 和 DROP76 一对控制器软硬件故障。

4）DROP26 和 DROP76 一对控制器失去网络连接。

E.15.3 故障后果

1）DROP26 和 DROP76 控制站故障，参与调节的炉膛负压失去监视，可能导致引风机失控、炉膛负压参数越限而触发锅炉 MFT 保护。

2）DROP26 和 DROP76 控制站故障，A 侧二次风量失去监视，可能导致送风机失控，而且无法送出二次风量低 MFT 保护信号，相当于锅炉失去了二次风量低的 MFT 保护。

3）DROP26 和 DROP76 控制站故障，由于采用继电器动合方式，风烟系统 A 侧的辅机设备和阀门挡板仍保持原先状态，但已无法进行监视和操作。此时风烟系统 B 侧仍工作正常，可能会造成两侧送风、引风、一次风控制失衡。

E.15.4 故障处理

E.15.4.1 运行处理

1）若送风机 B、引风机 B、一次风机 B 仍处于自动状态，运行人员应立即将其切至手动，通过后备手段（后备显示仪表、不同控制器内的参数显示、烟道各段温度显示）进行监视，必要时进行手动调整。

2）值长立即汇报调度，申请退出机组 AGC 控制和一次调频。通知热控人员检查，并要求操作员尽量减少操作，维持机组稳定。

3）运行人员立即将 A 侧送风机、引风机、一次风机等辅机切至就地控制，将相关阀门挡板切至就地方式，随时准备进行就地操作和调整。

4）若控制器故障短时间内无法排除，则值长应汇报调度，申请减负荷至 500MW，并准备停运 A 侧风烟系统，由运行人员至就地同时急停送风机、引风机及一次风机，且就地同步手动关闭相关隔离挡板。

5）对 DROP26 或者 DROP76 故障控制器进行处理时，为确保机组安全运行，可在低负荷时将 A 侧风烟系统停运后进行，并将锅炉风量、炉膛负压及一次风压控制回路切至手动。这样，即使 DROP26/76 全部故障，也不会对锅炉风烟系统造成大的影响，可维持机组继续运行。

6）当无后备监视手段，或引风控制完全失控，炉膛压力显示大幅度波动时，值长汇报后，运行人员手动 MFT。由于炉膛压力保护不在此控制器，若炉膛压力过高或过低，则会自动触发锅炉 MFT 保护。

E.15.4.2　维护处理

1）对故障控制器的处理详见"B.2 控制器故障诊断与处理流程图"及相关操作卡。

2）恢复故障处理器时，应注意检查由本控制器送往其他控制器的通信信号；如有必要，需在信号接收侧作相应处理，以防故障控制器恢复时这些信号跳变或翻转而导致控制异常。

E.15.5　重要输出信号列表

DROP26/76 控制器主要涉及锅炉 A 侧风烟系统，包括送风机 A、引风机 A、一次风机 A、空气预热器 A、密封风机 A 等重要辅机设备及其附属设备，以及 A 侧风烟系统相关参数和炉膛负压的监控，其重要输出信号见表 E.13。

表 E.13　DROP26/76 控制器重要输出信号列表

序号	信 号 编 码	机柜号	模件类型	模件位置	通道	信 号 描 述	备注
1	10HFW01AA110XQ01	EXT26-2	AO	2.1.2	2	密封风机 A 入口调节挡板控制指令	
2	10HLA10AA101XQ01	EXT26-2	AO	2.1.1	4	送风机 A 热风再循环阀控制指令	
3	10HLA30AA001AB11	EXT26-2	DOC	2.3.3	1	空气预热器二次风入口联络电动阀 A 开指令	
4	10HLA30AA001AB12	EXT26-2	DOC	2.3.3	2	空气预热器二次风入口联络电动阀 A 关指令	
5	10HLA30AA001BB11	EXT26-2	DOC	2.3.3	3	空气预热器二次风入口联络电动阀 B 开指令	
6	10HLA30AA001BB12	EXT26-2	DOC	2.3.3	4	空气预热器二次风入口联络电动阀 B 关指令	
7	10HLB10AA101XQ01	EXT26-2	AO	2.1.1	1	送风机 A 入口调节动叶控制指令	
8	10HLB40AA101XQ01	EXT26-2	AO	2.1.2	1	一次风机 A 入口调节动叶控制指令	
9	10HLD10AN006XB11	EXT26-2	DOC	2.3.3	15	空气预热器 A 气动马达开指令	
10	10HNC10AA101XQ01	EXT26-2	AO	2.1.1	3	引风机 A 静叶调节挡板控制指令	
11	10HFW01AN001XB11	EXT26-2	DOX	2.4.1	9	磨煤机密封风机 1A 合闸命令	
12	10HFW01AN001XB12	EXT26-2	DOX	2.4.1	10	磨煤机密封风机 1A 分闸命令	
13	10HLA10AN001XB11	EXT26-2	DOC	2.3.4	1	空气预热器传动装置主电动机 1A 合闸命令	
14	10HLA10AN001XB12	EXT26-2	DOC	2.3.4	2	空气预热器传动装置主电动机 1A 分闸命令	
15	10HLA10AN002XB11	EXT26-2	DOX	2.4.2	5	空气预热器传动装置辅助电动机 1A 合闸命令	

表 E.13（续）

序号	信 号 编 码	机柜号	模件类型	模件位置	通道	信 号 描 述	备注
16	10HLA10AN002XB12	EXT26-2	DOX	2.4.2	6	空气预热器传动装置辅助电动机 1A 分闸命令	
17	10HLB10AN001XB11	EXT26-2	DOX	2.4.2	1	送风机 1A 合闸命令	
18	10HLB10AN001XB12	EXT26-2	DOX	2.4.2	2	送风机 1A 分闸命令	
19	10HLB40AN001XB11	EXT26-2	DOX	2.4.1	1	一次风机 1A 合闸命令	
20	10HLB40AN001XB12	EXT26-2	DOX	2.4.1	2	一次风机 1A 分闸命令	
21	10HLD10AN001XB11	EXT26-2	DOX	2.4.2	7	空气预热器导向轴承油站电动机 1A 合闸命令	
22	10HLD10AN001XB12	EXT26-2	DOX	2.4.2	8	空气预热器导向轴承油站电动机 1A 分闸命令	
23	10HLD10AN002XB11	EXT26-2	DOX	2.4.1	3	空气预热器支承轴承油站电动机 1A 合闸命令	
24	10HLD10AN002XB12	EXT26-2	DOX	2.4.1	4	空气预热器支承轴承油站电动机 1A 分闸命令	
25	10HLV10AP001XB11	EXT26-2	DOC	2.3.4	3	送风机 1A 液压油泵 A 合闸命令	
26	10HLV10AP001XB12	EXT26-2	DOC	2.3.4	4	送风机 1A 液压油泵 A 分闸命令	
27	10HLV10AP002XB11	EXT26-2	DOC	2.4.4	1	送风机 1A 液压油泵 B 合闸命令	
28	10HLV10AP002XB12	EXT26-2	DOC	2.4.4	2	送风机 1A 液压油泵 B 分闸命令	
29	10HLV10AP003XB11	EXT26-2	DOC	2.3.4	5	送风机 1A 润滑油泵 A 合闸命令	
30	10HLV10AP003XB12	EXT26-2	DOC	2.3.4	6	送风机 1A 润滑油泵 A 分闸命令	
31	10HLV10AP004XB11	EXT26-2	DOC	2.4.4	3	送风机 1A 润滑油泵 B 合闸命令	
32	10HLV10AP004XB12	EXT26-2	DOC	2.4.4	4	送风机 1A 润滑油泵 B 分闸命令	
33	10HLV40AP001XB11	EXT26-2	DOC	2.3.4	7	一次风机 1A 润滑油泵 A 合闸命令	
34	10HLV40AP001XB12	EXT26-2	DOC	2.3.4	8	一次风机 1A 润滑油泵 A 分闸命令	
35	10HLV40AP002XB11	EXT26-2	DOC	2.4.4	5	一次风机 1A 润滑油泵 B 合闸命令	
36	10HLV40AP002XB12	EXT26-2	DOC	2.4.4	6	一次风机 1A 润滑油泵 B 分闸命令	
37	10HLV40AP003XB11	EXT26-2	DOC	2.3.4	9	一次风机 1A 电动机油站油泵 A 合闸命令	
38	10HLV40AP003XB12	EXT26-2	DOC	2.3.4	10	一次风机 1A 电动机油站油泵 A 分闸命令	
39	10HLV40AP004XB11	EXT26-2	DOC	2.4.4	7	一次风机 1A 电动机油站油泵 B 合闸命令	
40	10HLV40AP004XB12	EXT26-2	DOC	2.4.4	8	一次风机 1A 电动机油站油泵 B 分闸命令	
41	10HNC10AN001XB11	EXT26-2	DOX	2.4.2	3	引风机 1A 合闸命令	
42	10HNC10AN001XB12	EXT26-2	DOX	2.4.2	4	引风机 1A 分闸命令	
43	10HNC10AP001XB11	EXT26-2	DOC	2.3.4	11	引风机 1A 电动机油站润滑油泵 A 合闸命令	
44	10HNC10AP001XB12	EXT26-2	DOC	2.3.4	12	引风机 1A 电动机油站润滑油泵 A 分闸命令	
45	10HNC10AP002XB11	EXT26-2	DOC	2.4.4	9	引风机 1A 电动机油站润滑油泵 B 合闸命令	
46	10HNC10AP002XB12	EXT26-2	DOC	2.4.4	10	引风机 1A 电动机油站润滑油泵 B 分闸命令	
47	10HNC11AN001XB11	EXT26-2	DOX	2.4.2	9	引风机 1A 冷却风机 A 合闸命令	
48	10HNC11AN001XB12	EXT26-2	DOX	2.4.2	10	引风机 1A 冷却风机 A 分闸命令	
49	10HNC12AN001XB11	EXT26-2	DOX	2.4.1	7	引风机 1A 冷却风机 B 合闸命令	
50	10HNC12AN001XB12	EXT26-2	DOX	2.4.1	8	引风机 1A 冷却风机 B 分闸命令	
51	10MFT00DO025A	EXT26-2	DOC	2.3.1	16	总风量低 MFT1（to MFT）	
52	10MFT00DO025B	EXT26-2	DOC	2.3.3	16	总风量低 MFT1（to MFT）	
53	10MFT00DO025C	EXT26-2	DOC	2.4.4	16	总风量低 MFT1（to MFT）	

E.16　DROP27/77 控制站严重故障应急处置预案

E.16.1　故障现象

E.16.1.1　运行检查

1）所有画面下方参数条中炉膛负压显示坏质量或者"T"字样。

2）风烟系统画面上（画面编号 3004）B 侧二次风量、风烟温度、辅机电流等参数显示坏质量或者"T"字样，运行人员无法监视这些参数，无法对 B 侧风烟系统的相关辅机和挡板阀门进行操作。

3）一次风机 B 及油系统画面上（画面编号 3011）轴承温度、电动机线圈温度、油温、油压等参数显示坏质量或者"T"字样，运行人员无法监视这些参数。

4）送风机 B 及油系统画面上（画面编号 3013）轴承温度、电动机线圈温度、油温、油压等参数显示坏质量或者"T"字样，运行人员无法监视这些参数。

5）引风机 B 及油系统画面上（画面编号 3015）轴承温度、电动机线圈温度、油温、油压等参数显示坏质量或者"T"字样，运行人员无法监视这些参数。

6）系统状态画面中 DROP27 和 DROP77 图符颜色均显示不正常，出现"灰色"（表示控制器失电或离线）、"橘黄色"（表示控制器故障）、"紫色"（表示需运行人员关注）。

E.16.1.2　热控检查

1）查看系统状态画面和故障控制器状态画面中的具体错误信息和故障代码。

2）至相应控制柜查看故障控制器的电源状态。

3）至相应控制柜查看故障控制器的显示灯状态。

4）至相应控制柜查看故障控制器的网络连接情况。

E.16.2　故障原因

1）DROP27 和 DROP77 控制柜电源失去。

2）DROP27 和 DROP77 一对控制器电源失去。

3）DROP27 和 DROP77 一对控制器软硬件故障。

4）DROP27 和 DROP77 一对控制器失去网络连接。

E.16.3　故障后果

1）DROP27 和 DROP77 控制站故障，参与调节的炉膛负压失去监视，可能导致引风机失控、炉膛负压参数越限而触发锅炉 MFT 保护。

2）DROP27 和 DROP77 控制站故障，B 侧二次风量失去监视，可能导致送风机失控，而且无法送出二次风量低 MFT 保护信号，相当于锅炉失去了二次风量低的 MFT 保护。

3）DROP27 和 DROP77 控制站故障，由于采用继电器动合方式，风烟系统 B 侧的辅机设备和阀门挡板仍保持原先状态，但已无法进行监视和操作。此时风烟系统 B 侧仍工作正常，可能会造成两侧送风、引风、一次风控制失衡。

E.16.4　故障处理

E.16.4.1　运行处理

1）若送风机 B、引风机 B、一次风机 B 仍处于自动状态，运行人员应立即将其切至手动，必要时进行手动调整。

2）值长立即汇报调度，申请退出机组 AGC 控制和一次调频。通知热控人员检查，并要求操作员尽量减少操作，维持机组稳定。

3）运行人员立即将 B 侧送风机、引风机、一次风机等辅机切至就地控制，将相关阀门挡板切至就地方式，随时准备进行就地操作和调整。

4）若控制器故障短时间内无法排除，则值长应汇报调度，申请减负荷至 500MW，并准备停运 B 侧风烟系统，由运行人员至就地同时急停送风机、引风机及一次风机，且就地同步手动关闭相关隔离挡板。

5）对 DROP27 或者 DROP77 故障控制器进行处理时，为确保机组安全运行，可在低负荷时将 B 侧风烟系统停运后进行，并将锅炉风量、炉膛负压及一次风压控制回路切至手动。这样，即使 DROP27/77 全部故障，也不会对锅炉风烟系统造成大的影响，可维持机组安全运行。

E.16.4.2 维护处理

1）对故障控制器的处理详见"B.2 控制器故障诊断与处理流程图"及相关操作卡。

2）恢复故障处理器时，应注意检查由本控制器送往其他控制器的通信信号；如有必要，需在信号接收侧作相应处理，以防故障控制器恢复时这些信号跳变或翻转而导致控制异常。

E.16.5 重要输出信号列表

DROP27/77 控制器主要涉及锅炉 B 侧风烟系统，包括送风机 B、引风机 B、一次风机 B、空气预热器 B、密封风机 B 等重要辅机设备及其附属设备，以及 B 侧风烟系统相关参数和炉膛负压的监控，其重要输出信号见表 E.14。

表 E.14　DROP27/77 控制器重要输出信号列表

序号	信 号 编 码	机柜号	模件类型	模件位置	通道	信 号 描 述	备注
1	10HFW02AA110XQ01	EXT27-2	AO	2.1.2	2	密封风机 B 入口调节挡板控制指令	
2	10HLA20AA101XQ01	EXT27-2	AO	2.1.1	4	送风机 B 热风再循环阀控制指令	
3	10HLB20AA101XQ01	EXT27-2	AO	2.1.1	1	送风机 B 入口调节动叶控制指令	
4	10HLB50AA101XQ01	EXT27-2	AO	2.1.2	1	一次风机 B 入口调节动叶控制指令	
5	10HLD20AN006XB11	EXT27-2	DOC	2.3.3	15	空气预热器 B 气动马达开指令	
6	10HNC20AA101XQ01	EXT27-2	AO	2.1.1	3	引风机 B 静叶调节挡板控制指令	
7	10HFW02AN001XB11	EXT27-2	DOX	2.4.1	9	磨煤机密封风机 1B 合闸命令	
8	10HFW02AN001XB12	EXT27-2	DOX	2.4.1	10	磨煤机密封风机 1B 分闸命令	
9	10HLA20AN001XB11	EXT27-2	DOC	2.3.4	1	空气预热器传动装置主电动机 1B 合闸命令	
10	10HLA20AN001XB12	EXT27-2	DOC	2.3.4	2	空气预热器传动装置主电动机 1B 分闸命令	
11	10HLA20AN002XB11	EXT27-2	DOX	2.4.2	5	空气预热器传动装置辅助电动机 1B 合闸命令	
12	10HLA20AN002XB12	EXT27-2	DOX	2.4.2	6	空气预热器传动装置辅助电动机 1B 分闸命令	
13	10HLB20AN001XB11	EXT27-2	DOX	2.4.2	1	送风机 1B 合闸命令	
14	10HLB20AN001XB12	EXT27-2	DOX	2.4.2	2	送风机 1B 分闸命令	
15	10HLB50AN001XB11	EXT27-2	DOX	2.4.1	1	一次风机 1B 合闸命令	
16	10HLB50AN001XB12	EXT27-2	DOX	2.4.1	2	一次风机 1B 分闸命令	
17	10HLD20AN001XB11	EXT27-2	DOX	2.4.2	7	空气预热器导向轴承油站电动机 1B 合闸命令	
18	10HLD20AN001XB12	EXT27-2	DOX	2.4.2	8	空气预热器导向轴承油站电动机 1B 分闸命令	
19	10HLD20AN002XB11	EXT27-2	DOX	2.4.1	3	空气预热器支承轴承油站电动机 1B 合闸命令	

表 E.14（续）

序号	信号编码	机柜号	模件类型	模件位置	通道	信号描述	备注
20	10HLD20AN002XB12	EXT27-2	DOX	2.4.1	4	空气预热器支承轴承油站电动机 1B 分闸命令	
21	10HLV20AP001XB11	EXT27-2	DOC	2.3.4	3	送风机 1B 液压油泵 A 合闸命令	
22	10HLV20AP001XB12	EXT27-2	DOC	2.3.4	4	送风机 1B 液压油泵 A 分闸命令	
23	10HLV20AP002XB11	EXT27-2	DOC	2.4.4	1	送风机 1B 液压油泵 B 合闸命令	
24	10HLV20AP002XB12	EXT27-2	DOC	2.4.4	2	送风机 1B 液压油泵 B 分闸命令	
25	10HLV20AP003XB11	EXT27-2	DOC	2.3.4	5	送风机 1B 润滑油泵 A 合闸命令	
26	10HLV20AP003XB12	EXT27-2	DOC	2.3.4	6	送风机 1B 润滑油泵 A 分闸命令	
27	10HLV20AP004XB11	EXT27-2	DOC	2.4.4	3	送风机 1B 润滑油泵 B 合闸命令	
28	10HLV20AP004XB12	EXT27-2	DOC	2.4.4	4	送风机 1B 润滑油泵 B 分闸命令	
29	10HLV50AP001XB11	EXT27-2	DOC	2.3.4	7	一次风机 1B 润滑油泵 A 合闸命令	
30	10HLV50AP001XB12	EXT27-2	DOC	2.3.4	8	一次风机 1B 润滑油泵 A 分闸命令	
31	10HLV50AP002XB11	EXT27-2	DOC	2.4.4	5	一次风机 1B 润滑油泵 B 合闸命令	
32	10HLV50AP002XB12	EXT27-2	DOC	2.4.4	6	一次风机 1B 润滑油泵 B 分闸命令	
33	10HLV50AP003XB11	EXT27-2	DOC	2.3.4	9	一次风机 1B 电动机油站油泵 A 合闸命令	
34	10HLV50AP003XB12	EXT27-2	DOC	2.3.4	10	一次风机 1B 电动机油站油泵 A 分闸命令	
35	10HLV50AP004XB11	EXT27-2	DOC	2.4.4	7	一次风机 1B 电动机油站油泵 B 合闸命令	
36	10HLV50AP004XB12	EXT27-2	DOC	2.4.4	8	一次风机 1B 电动机油站油泵 B 分闸命令	
37	10HNC20AN001XB11	EXT27-2	DOX	2.4.2	3	引风机 1B 合闸命令	
38	10HNC20AN001XB12	EXT27-2	DOX	2.4.2	4	引风机 1B 分闸命令	
39	10HNC20AP001XB11	EXT27-2	DOC	2.3.4	11	引风机 1B 电动机油站润滑油泵 A 合闸命令	
40	10HNC20AP001XB12	EXT27-2	DOC	2.3.4	12	引风机 1B 电动机油站润滑油泵 A 分闸命令	
41	10HNC20AP002XB11	EXT27-2	DOC	2.4.4	9	引风机 1B 电动机油站润滑油泵 B 合闸命令	
42	10HNC20AP002XB12	EXT27-2	DOC	2.4.4	10	引风机 1B 电动机油站润滑油泵 B 分闸命令	
43	10HNC21AN001XB11	EXT27-2	DOX	2.4.2	9	引风机 1B 冷却风机 A 合闸命令	
44	10HNC21AN001XB12	EXT27-2	DOX	2.4.2	10	引风机 1B 冷却风机 A 分闸命令	
45	10HNC22AN001XB11	EXT27-2	DOX	2.4.1	7	引风机 1B 冷却风机 B 合闸命令	
46	10HNC22AN001XB12	EXT27-2	DOX	2.4.1	8	引风机 1B 冷却风机 B 分闸命令	

E.17 DROP31/81 控制站严重故障应急处置预案

E.17.1 故障现象

E.17.1.1 运行检查

1）开式水系统画面上（画面编号 3508）部分参数显示坏质量或者"T"字样，运行人员无法监视这些参数，无法对开式水泵 A 及相关阀门、水室真空泵及相关阀门进行操作。

2）闭式水系统画面上（画面编号 3509）部分参数显示坏质量或者"T"字样，运行人员无法监视这些参数，无法对闭式水泵 A 及相关阀门进行操作。

3）循环水系统画面上（画面编号3511）部分参数显示坏质量或者"T"字样，运行人员无法监视这些参数，无法对循环水泵 A 及相关阀门进行操作。

4）凝汽器真空系统画面上（画面编号3512）部分参数显示坏质量或者"T"字样，运行人员无法监视这些参数，无法对真空泵 A 及相关阀门进行操作。

5）系统状态画面中 DROP31 和 DROP81 图符颜色均显示不正常，出现"灰色"（表示控制器失电或离线）、"橘黄色"（表示控制器故障）、"紫色"（表示需运行人员关注）。

E.17.1.2 热控检查

1）查看系统状态画面和故障控制器状态画面中的具体错误信息和故障代码。

2）至相应控制柜查看故障控制器的电源状态。

3）至相应控制柜查看故障控制器的显示灯状态。

4）至相应控制柜查看故障控制器的网络连接情况。

E.17.2 故障原因

1）DROP31 和 DROP81 控制柜电源失去。

2）DROP31 和 DROP81 一对控制器电源失去。

3）DROP31 和 DROP81 一对控制器软硬件故障。

4）DROP31 和 DROP81 一对控制器失去网络连接。

E.17.3 故障后果

1）DROP31 和 DROP81 控制站故障，无法监视和操作开式水泵 A 及其相关阀门。

2）DROP31 和 DROP81 控制站故障，无法监视和操作闭式水泵 A 及其相关阀门，以及部分闭式水调温阀门。

3）DROP31 和 DROP81 控制站故障，无法监视和操作循环水泵 A 及其相关阀门、旋转滤网和冲洗水泵、凝汽器 A 相关参数和阀门等设备。

4）DROP31 和 DROP81 控制站故障，无法监视和操作真空泵 A 及其相关阀门。

E.17.4 故障处理

E.17.4.1 运行处理

1）值长立即汇报调度，申请退出机组 AGC 控制和一次调频。通知热控人员检查，并要求操作员尽量减少操作，维持机组稳定。

2）运行人员根据机组及设备状况决定是否停运循环水泵 A，若需停泵，则运行人员至就地关闭出口蝶阀并急停循环水泵 A。

3）若闭式水泵 B 处于停运状态，则启动闭式水泵 B；将闭式水泵 A 及相应阀门切至就地方式，停止闭式水泵 A，关闭进、出口阀门。

4）将闭式水箱水位调节阀切至就地方式，并根据实际水位来手动调整该阀门。

5）将汽轮机润滑油温调节阀、给水泵汽轮机 A 润滑油温调节阀、励磁机温度调节阀切至就地方式，并根据相应温度来手动调整阀门开度。

6）若开式水泵 B 处于停运状态，则启动开式水泵 B；将开式水泵 A 及相应阀门切至就地方式，停止开式水泵 A，关闭进、出口阀门。

7）运行人员立即启动真空泵 B，并调整阀门状态，让真空泵 B 投入工作；将真空泵 A 及相应阀门切至就地方式，停止真空泵 A，关闭进口阀门。

8）对 DROP31 或者 DROP81 故障控制器进行处理时，为确保机组安全运行，应根据机组实际情况，尽量停运循环水泵 A、开式水泵 A、闭式水泵 A、汽侧真空泵 A，并做好相应的阀门隔离措施。这样，即使 DROP31/81 全部故障，不能对这些设备和相关阀门进行监视和操作，也不会造成大的影响。

E.17.4.2 维护处理

1）对故障控制器的处理详见"B.2 控制器故障诊断与处理流程图"及相关操作卡。

2）恢复故障处理器时，应注意检查由本控制器送往其他控制器的通信信号；如有必要，需在信号接收侧作相应处理，以防故障控制器恢复时这些信号跳变或翻转而导致控制异常。

E.17.5 重要输出信号列表

DROP31/81 控制器主要涉及循环水泵 A，开式水泵 A、闭式水泵 A、汽侧真空泵 A、水室真空泵等辅机设备，以及凝汽器 A、循环水 A 侧、开式水 A 侧、闭式水 A 侧及温度调节等相关参数和阀门，还包括一个远程柜，主要涉及循环水泵 A 出口蝶阀、旋转滤网 A、冲洗水泵 A 等，其重要输出信号见表 E.15。

表 E.15 DROP31/81 控制器重要输出信号列表

序号	信 号 编 码	机柜号	模件类型	模件位置	通道	信 号 描 述	备注
1	10CRA00CXB51S301	EXT31-1	DOC	1.8.2	5	电动滤水器 A 启动指令	
2	10LCE21AA101XB11	EXT31-1	DOC	1.8.1	6	凝汽器 A 水幕喷水气动阀开指令	
3	10LCE41AA101XB11	EXT31-1	DOC	1.8.1	7	凝汽器系统立管 A 减温喷水气动阀开指令	
4	10LCE43AA101XB11	EXT31-1	DOC	1.8.1	8	凝汽器本体立管 A 减温喷水气动阀开指令	
5	10LCP15AA101XB14	EXT31-1	DOC	1.8.1	3	闭式水膨胀水箱水位调节阀超驰关指令	
6	10LCP15AA101XQ01	CTRL31	AO	1.3.3	4	闭式水膨胀水箱水位调节阀控制指令	
7	10LCW60AA001XB11	EXT31-1	DOC	1.8.3	13	汽侧真空泵 A 补水电磁阀开指令	
8	10MAJ10AA011XB11	EXT31-1	DOC	1.8.3	11	汽侧真空泵 A 入口气动阀开指令	
9	10MAJ10AA011XB12	EXT31-1	DOC	1.8.3	12	汽侧真空泵 A 入口气动阀关指令	
10	10PGB23AA101XQ01	CTRL31	AO	1.3.4	2	闭式水热交换器旁路调节阀控制指令	
11	10PGB41AA101XQ01	CTRL31	AO	1.3.3	2	汽轮机组润滑油温度气动调节阀控制指令	
12	10PGB55AA101XQ01	CTRL31	AO	1.3.3	1	给水泵汽轮机 A 润滑油温度气动调节阀控制指令	
13	10PGB62AA101XQ01	CTRL31	AO	1.3.4	1	励磁机水温度气动调节阀控制指令	
14	10LBU61AP001XB11	EXT31-1	DOC	1.8.1	13	凝结水泵坑排污水泵 1A 合闸命令	
15	10LBU61AP001XB12	EXT31-1	DOC	1.8.1	14	凝结水泵坑排污水泵 1A 分闸命令	
16	10LBU61AP002XB11	EXT31-1	DOC	1.8.2	13	凝结水泵坑排污水泵 1B 合闸命令	
17	10LBU61AP002XB12	EXT31-1	DOC	1.8.2	14	凝结水泵坑排污水泵 1B 分闸命令	
18	10MAJ10AP001XB11	EXT31-1	DOX	1.7.1	7	机械真空泵 1A 合闸命令	
19	10MAJ10AP001XB12	EXT31-1	DOX	1.7.1	8	机械真空泵 1A 分闸命令	
20	10PAC71AP001XB11	EXT31-1	DOX	1.7.1	1	循环水泵 1A 合闸命令	
21	10PAC71AP001XB12	EXT31-1	DOX	1.7.1	2	循环水泵 1A 分闸命令	
22	10PCC11AP001XB11	EXT31-1	DOX	1.7.1	3	开式冷却水泵 1A 合闸命令	
23	10PCC11AP001XB12	EXT31-1	DOX	1.7.1	4	开式冷却水泵 1A 分闸命令	

表 E.15（续）

序号	信 号 编 码	机柜号	模件类型	模件位置	通道	信 号 描 述	备注
24	10PGC11AP001XB11	EXT31-1	DOX	1.7.1	5	闭式冷却水泵 1A 合闸命令	
25	10PGC11AP001XB12	EXT31-1	DOX	1.7.1	6	闭式冷却水泵 1A 分闸命令	
26	10PUE50AP001XB11	EXT31-1	DOC	1.7.2	13	1 号机组凝汽器水室真空泵合闸命令	
27	10PUE50AP001XB12	EXT31-1	DOC	1.7.2	14	1 号机组凝汽器水室真空泵分闸命令	
28	10MAJ10AP002XB11	EXT31-1	DOC	1.8.1	4	机械真空泵 1A 内循环水泵合闸命令	
29	10MAJ10AP002XB12	EXT31-1	DOC	1.8.1	5	机械真空泵 1A 内循环水泵分闸命令	
30	10PAB71AA001XB11	31RIO1-0	DOC	4.1.3.1	1	循环水泵 A 出口液动阀远方开阀指令	
31	10PAB71AA001XB12	31RIO1-0	DOC	4.1.3.1	2	循环水泵 A 出口液动阀远方关阀指令	
32	10PGA80AA105XB12	31RIO1-0	DOC	4.1.3.1	3	循环水泵 A 电动机冷却器入口电磁阀关指令	
33	10PAA79AT001XB11	31RIO1-0	DOC	4.1.3.1	4	旋转滤网 1A 高速启动指令	
34	10PAA79AT001XB12	31RIO1-0	DOC	4.1.3.1	5	旋转滤网 1A 停止指令	
35	10PAA81AP001XB11	31RIO1-0	DOC	4.1.3.1	6	旋转滤网 1A 冲洗水泵合闸命令	
36	10PAA81AP001XB12	31RIO1-0	DOC	4.1.3.1	7	旋转滤网 1A 冲洗水泵分闸命令	
37	70BHD01GS001XB11	31RIO1-0	DOX	4.1.3.2	1	循环水泵 PCA 及循环水泵 PCB 段母线联络断路器合闸命令	
38	70BHD01GS001XB12	31RIO1-0	DOX	4.1.3.2	2	循环水泵 PCA 及循环水泵 PCB 段母线联络断路器分闸命令	
39	70BHS01GS002XB11	31RIO1-0	DOX	4.1.3.2	3	循环水泵变压器 A 380V 侧断路器合闸命令	
40	70BHS01GS002XB12	31RIO1-0	DOX	4.1.3.2	4	循环水泵变压器 A 380V 侧断路器分闸命令	

E.18　DROP32/82 控制站严重故障应急处置预案

E.18.1　故障现象

E.18.1.1　运行检查

1）开式水系统画面上（画面编号 3508）部分参数显示坏质量或者"T"字样，运行人员无法监视这些参数，无法对开式水泵 B 及相关阀门进行操作。

2）闭式水系统画面上（画面编号 3509）部分参数显示坏质量或者"T"字样，运行人员无法监视这些参数，无法对闭式水泵 B 及相关阀门进行操作。

3）循环水系统画面上（画面编号 3511）部分参数显示坏质量或者"T"字样，运行人员无法监视这些参数，无法对循环水泵 B 及相关阀门进行操作。

4）凝汽器真空系统画面上（画面编号 3512）部分参数显示坏质量或者"T"字样，运行人员无法监视这些参数，无法对真空泵 B 及相关阀门进行操作。

5）系统状态画面中 DROP32 和 DROP82 图符颜色均显示不正常，出现"灰色"（表示控制器失电或离线）、"橘黄色"（表示控制器故障）、"紫色"（表示需运行人员关注）。

E.18.1.2　热控检查

1）查看系统状态画面和故障控制器状态画面中的具体错误信息和故障代码。

2）至相应控制柜查看故障控制器的电源状态。

3）至相应控制柜查看故障控制器的显示灯状态。

4）至相应控制柜查看故障控制器的网络连接情况。

E.18.2 故障原因

1）DROP32 和 DROP82 控制柜电源失去。

2）DROP32 和 DROP82 一对控制器电源失去。

3）DROP32 和 DROP82 一对控制器软硬件故障。

4）DROP32 和 DROP82 一对控制器失去网络连接。

E.18.3 故障后果

1）DROP32 和 DROP82 控制站故障，无法监视和操作开式水泵 B 及其相关阀门。

2）DROP32 和 DROP82 控制站故障，无法监视和操作闭式水泵 B 及其相关阀门，以及部分闭式水调温阀门。

3）DROP32 和 DROP82 控制站故障，无法监视和操作循环水泵 B 及其相关阀门、旋转滤网和冲洗水泵、凝汽器 B 相关参数和阀门等设备。

4）DROP32 和 DROP82 控制站故障，无法监视和操作真空泵 B 及其相关阀门。

E.18.4 故障处理

E.18.4.1 运行处理

1）值长立即汇报调度，申请退出机组 AGC 控制和一次调频。通知热控人员检查，并要求操作员尽量减少操作，维持机组稳定。

2）运行人员根据机组及设备状况决定是否停运循环水泵 B，若需停泵，则运行人员至就地关闭出口蝶阀并急停循环水泵 B。

3）若闭式水泵 A 处于停运状态，则启动闭式水泵 A；将闭式水泵 B 及相应阀门切至就地方式，停止闭式水泵 B，关闭进出口阀门。

4）将给水泵汽轮机 B 润滑油温调节阀、发电机氢温度调节阀、氢密封油温调节阀、发电机定子冷却水温调节阀切至就地方式，并根据相应温度来手动调整阀门开度。

5）若开式水泵 A 处于停运状态，则启动开式水泵 A；将开式水泵 B 及相应阀门切至就地方式，停止开式水泵 B，关闭进出口阀门。

6）运行人员立即调整真空泵运行方式，将真空泵 B 及相应阀门切至就地方式，停止真空泵 B，关闭进口阀门。

7）对 DROP32 或者 DROP82 故障控制器进行处理时，为确保机组安全运行，应根据机组实际情况，尽量停运循环水泵 B、开式水泵 B、闭式水泵 B、汽侧真空泵 B，并做好相应的阀门隔离措施。这样，即使 DROP32/82 全部故障，不能对这些设备和相关阀门进行监视和操作，也不会造成大的影响。

E.18.4.2 维护处理

1）对故障控制器的处理详见"B.2 控制器故障诊断与处理流程图"及相关操作卡。

2）恢复故障处理器时，应注意检查由本控制器送往其他控制器的通信信号；如有必要，需在信号接收侧作相应处理，以防故障控制器恢复时这些信号跳变或翻转而导致控制异常。

E.18.5 重要输出信号列表

DROP32/82 控制器主要涉及循环水泵 B，开式水泵 B、闭式水泵 B、汽侧真空泵 B 等辅机设备，以及凝汽器 B、循环水 B 侧、开式水 B 侧、闭式水 B 侧及温度调节等相关参数和阀门，还包括一个远程柜，主要涉及循环水泵 B 出口蝶阀、旋转滤网 B、冲洗水泵 B 等，其重要输出信号见表 E.16。

表 E.16 DROP32/82 控制器重要输出信号列表

序号	信 号 编 码	机柜号	模件类型	模件位置	通道	信 号 描 述	备注
1	10LCE22AA101XB11	EXT32-1	DOC	1.8.2	8	凝汽器 B 水幕喷水气动阀开指令	
2	10LCE42AA101XB11	EXT32-1	DOC	1.8.2	9	凝汽器系统立管 B 减温喷水气动阀开指令	
3	10LCE44AA101XB11	EXT32-1	DOC	1.8.2	10	凝汽器本体立管 B 减温喷水气动阀开指令	
4	10LCW60AA002XB11	EXT32-1	DOC	1.8.3	13	汽侧真空泵 B 补水电磁阀开指令	
5	10MAJ30AA011XB11	EXT32-1	DOC	1.8.3	11	汽侧真空泵 B 入口气动阀开指令	
6	10MAJ30AA011XB12	EXT32-1	DOC	1.8.3	12	汽侧真空泵 B 入口气动阀关指令	
7	10MAJ31AA001XB11	EXT32-1	DOC	1.8.1	13	抽真空联络管蝶阀 A 开指令	
8	10MAJ31AA001XB12	EXT32-1	DOC	1.8.1	14	抽真空联络管蝶阀 A 关指令	
9	10MAJ32AA001XB11	EXT32-1	DOC	1.8.2	13	抽真空联络管蝶阀 B 开指令	
10	10MAJ32AA001XB12	EXT32-1	DOC	1.8.2	14	抽真空联络管蝶阀 B 关指令	
11	10PGB12AA001XB11	EXT32-1	DOC	1.7.2	5	闭式水泵 B 进口电动阀开指令	
12	10PGB12AA001XB12	EXT32-1	DOC	1.7.2	6	闭式水泵 B 进口电动阀关指令	
13	10PGB12AA003XB11	EXT32-1	DOC	1.7.2	7	闭式水泵 B 出口电动阀开指令	
14	10PGB12AA003XB12	EXT32-1	DOC	1.7.2	8	闭式水泵 B 出口电动阀关指令	
15	10PGB56AA101XQ01	CTRL32	AO	1.3.3	1	给水泵汽轮机 B 润滑油温度气动调节阀控制指令	
16	10PGB61AA101XQ01	CTRL32	AO	1.3.4	1	发电机氢温度气动调节阀控制指令	
17	10PGB63AA101XQ01	CTRL32	AO	1.3.4	2	氢密封油温度气动调节阀控制指令	
18	10PGB64AA101XQ01	CTRL32	AO	1.3.3	2	发电机定子水温度气动调节阀控制指令	
19	10MAJ30AP001XB11	EXT32-1	DOX	1.7.1	7	机械真空泵 1B 合闸命令	
20	10MAJ30AP001XB12	EXT32-1	DOX	1.7.1	8	机械真空泵 1B 分闸命令	
21	10PAC71AP003XB11	EXT32-1	DOX	1.7.1	1	循环水泵 1B 合闸命令	
22	10PAC71AP003XB12	EXT32-1	DOX	1.7.1	2	循环水泵 1B 分闸命令	
23	10PCC12AP001XB11	EXT32-1	DOX	1.7.1	3	开式冷却水泵 1B 合闸命令	
24	10PCC12AP001XB12	EXT32-1	DOX	1.7.1	4	开式冷却水泵 1B 分闸命令	
25	10PGC12AP001XB11	EXT32-1	DOX	1.7.1	5	闭式冷却水泵 1B 合闸命令	
26	10PGC12AP001XB12	EXT32-1	DOX	1.7.1	6	闭式冷却水泵 1B 分闸命令	
27	10MAJ20AP002XB11	EXT32-1	DOC	1.8.1	5	机械真空泵 1B 内循环泵合闸命令	
28	10MAJ20AP002XB12	EXT32-1	DOC	1.8.1	6	机械真空泵 1B 内循环泵分闸命令	
29	10PGB78AA001XB11	EXT32-1	DOC	1.8.1	7	1 号机组空气压缩机冷却水进口电动门开指令	
30	10PGB78AA001XB12	EXT32-1	DOC	1.8.1	8	1 号机组空气压缩机冷却水进口电动门关指令	
31	10PGB78AA002XB11	EXT32-1	DOC	1.8.1	9	1 号机组空气压缩机冷却水出口电动门开指令	
32	10PGB78AA002XB12	EXT32-1	DOC	1.8.1	10	1 号机组空气压缩机冷却水出口电动门关指令	
33	10PAA81AA003XB11	32RIO1-0	DOC	4.1.3.1	10	冲洗水电动阀 B 开指令	

表 E.16（续）

序号	信 号 编 码	机柜号	模件类型	模件位置	通道	信 号 描 述	备注
34	10PAA81AA003XB12	32RIO1-0	DOC	4.1.3.1	11	冲洗水电动阀 B 关指令	
35	10PAB71AA003XB11	32RIO1-0	DOC	4.1.3.1	1	循环水泵 B 出口液动阀远方开阀指令	
36	10PAB71AA003XB12	32RIO1-0	DOC	4.1.3.1	2	循环水泵 B 出口液动阀远方关阀指令	
37	10PGA80AA205XB12	32RIO1-0	DOC	4.1.3.1	3	循环水泵 B 电动机冷却器入口电磁阀关指令	
38	10PAA79AT003XB11	32RIO1-0	DOC	4.1.3.1	4	旋转滤网 1B 高速启动指令	
39	10PAA79AT003XB12	32RIO1-0	DOC	4.1.3.1	5	旋转滤网 1B 停止指令	
40	10PAA81AP003XB11	32RIO1-0	DOC	4.1.3.1	6	旋转滤网 1B 冲洗水泵合闸命令	
41	10PAA81AP003XB12	32RIO1-0	DOC	4.1.3.1	7	旋转滤网 1B 冲洗水泵分闸命令	
42	10PAC71AH002XB11	32RIO1-0	DOC	4.1.3.1	8	循环水泵 1B 空间加热器合闸命令	
43	10PAC71AH002XB12	32RIO1-0	DOC	4.1.3.1	9	循环水泵 1B 空间加热器分闸命令	

E.19 DROP33/83 控制站严重故障应急处置预案

E.19.1 故障现象

E.19.1.1 运行检查

1）循环水系统画面上（画面编号 3511）部分参数显示坏质量或者"T"字样，运行人员无法监视这些参数，无法对循环水泵 C 及相关阀门进行操作。

2）凝汽器真空系统画面上（画面编号 3512）部分参数显示坏质量或者"T"字样，运行人员无法监视这些参数，无法对真空泵 C 及相关阀门进行操作。

3）低压加热器抽汽及疏水画面上（画面编号 3503）部分参数显示坏质量或者"T"字样，运行人员无法监视这些参数，无法对低压加热器抽汽、水侧、疏水阀门及低压加热器疏水泵进行操作。

4）辅助蒸汽系统画面上（画面编号 3507）部分参数显示坏质量或者"T"字样，运行人员无法监视这些参数，无法对冷再热蒸汽至辅助蒸汽等阀门进行操作。

5）清洁疏水系统画面上（画面编号 3513）部分参数显示坏质量或者"T"字样，运行人员无法监视这些参数，无法对清洁疏水泵等设备进行操作。

6）系统状态画面中 DROP33 和 DROP83 图符颜色均显示不正常，出现"灰色"（表示控制器失电或离线）、"橘黄色"（表示控制器故障）、"紫色"（表示需运行人员关注）。

E.19.1.2 热控检查

1）查看系统状态画面和故障控制器状态画面中的具体错误信息和故障代码。

2）至相应控制柜查看故障控制器的电源状态。

3）至相应控制柜查看故障控制器的显示灯状态。

4）至相应控制柜查看故障控制器的网络连接情况。

E.19.2 故障原因

1）DROP33 和 DROP83 控制柜电源失去。

2）DROP33 和 DROP83 一对控制器电源失去。

3）DROP33 和 DROP83 一对控制器软硬件故障。

4）DROP33 和 DROP83 一对控制器失去网络连接。

E.19.3　故障后果

1）若 DROP33 和 DROP83 控制柜失电，则低压加热器正常疏水调节阀会失电关闭，低压加热器危急疏水调节阀为失电开启，低压加热器抽汽疏水会失电开启，冷再热蒸汽至辅助蒸汽疏水会失电开启，但这些阀门已失去监视，并无法远方操作。

2）DROP33 和 DROP83 控制站故障，无法监视和操作循环水泵 C、旋转滤网 C、冲洗水泵 C 及相关阀门。

3）DROP33 和 DROP83 控制站故障，无法监视和操作真空泵 C 及其相关阀门。

4）DROP33 和 DROP83 控制站故障，无法监视和操作低压加热器抽汽、水侧、疏水系统相关阀门，以及低压加热器疏水泵及其相应阀门。

5）DROP33 和 DROP83 控制站故障，无法监视和操作辅助蒸汽系统相关阀门。

6）DROP33 和 DROP83 控制站故障，无法监视清洁疏水相关参数，无法操作清洁疏水系统相关设备和阀门。

E.19.4　故障处理

E.19.4.1　运行处理

1）值长立即汇报调度，申请退出机组 AGC 控制和一次调频。通知热控人员检查，并要求操作员尽量减少操作，维持机组稳定。

2）运行人员根据机组负荷、江水温度、已运行循环水泵的台数等情况判断是否启动循环水泵 A、循环水泵 B，并将循环水泵 C 及相应阀门切至就地方式，关闭出口蝶阀，停止循环水泵 C。

3）运行人员立即启动真空泵 B，并调整阀门状态，让真空泵 B 投入工作。将真空泵 C 及相应阀门切至就地方式，停止真空泵 C，关闭进口阀门。

4）进行低压加热器解列操作，停运低压加热器疏水泵，查看并确认低压加热器危急疏水调节阀是否已开启（考虑控制器故障时危急疏水调节阀失电开启）。

5）辅助蒸汽系统维持原状，运行人员根据需要将辅汽供应汽源切换为邻机，并将本机冷再热蒸汽至辅助蒸汽的隔离门及调节阀切至就地方式，关闭本机供辅助蒸汽相关阀门。

6）运行人员至就地查看清洁疏水箱水位等情况，就地关闭清洁疏水至凝汽器的隔离门，电气停止清洁疏水泵，并就地开启清洁疏水至大气疏水门。

7）对 DROP33 或者 DROP83 故障控制器进行处理时，为确保机组安全运行，应根据机组实际情况，尽量停运循环水泵 C、汽侧真空泵 C，并将辅助蒸汽供应汽源切换为邻机，将清洁疏水调整为排至大气。这样，即使 DROP33/83 全部故障，不能对这些设备和相关阀门进行监视和操作，也不会造成大的影响。

E.19.4.2　维护处理

1）对故障控制器的处理详见"B.2 控制器故障诊断与处理流程图"及相关操作卡。

2）根据运行人员要求，将低压加热器危急疏水调节阀电磁阀断电，危疏阀门失电开启。

3）恢复故障处理器时，应注意检查由本控制器送往其他控制器的通信信号；如有必要，需在信号接收侧作相应处理，以防故障控制器恢复时这些信号跳变或翻转而导致控制异常。

E.19.5　重要输出信号列表

DROP33/83 控制器主要涉及循环水泵 C，汽侧真空泵 C、清洁疏水系统（包括两台清洁疏水泵）、低压加热器系统（包括汽侧、水侧、疏水阀门及两台低压加热器疏水泵），辅助蒸汽系统，还包括一个远程柜，主要涉及循环水泵 C 出口蝶阀、旋转滤网 C、冲洗水泵 C 等，其重要输出信号见表 E.17。

表 E.17　DROP33/83 控制器重要输出信号列表

序号	信号编码	机柜号	模件类型	模件位置	通道	信号描述	备注
1	10CRA00CJJ14S005	CTRL33	AO	1.2.3	1	5 号低压给水加热器液位	至 DEH
2	10CRA00CJJ14S006	CTRL33	AO	1.2.3	2	6 号低压给水加热器液位	至 DEH
3	10LBG14AA101XQ01	CTRL33	AO	1.3.3	3	冷再热蒸汽至辅助蒸汽调节阀 1 控制指令	
4	10LBG14AA102XQ01	CTRL33	AO	1.2.3	3	冷再热蒸汽至辅助蒸汽调节阀 2 控制指令	
5	10LBG14AA402XB11	EXT33-1	DOC	1.7.3	1	冷再热蒸汽至辅助蒸汽（调节阀前）疏水阀开指令	
6	10LBG14AA404XB11	EXT33-1	DOC	1.7.3	2	冷再热蒸汽至辅助蒸汽（调节阀后）疏水阀开指令	
7	10LBS30AA402XB11	EXT33-1	DOC	1.8.2	14	6 段低压抽汽疏水气动阀开指令	
8	10LBS40AA402XB11	EXT33-1	DOC	1.7.2	14	5 段中压抽汽疏水气动阀 1 开指令	
9	10LBS40AA412XB11	EXT33-1	DOC	1.8.1	7	5 段中压抽汽疏水气动阀 2 开指令	
10	10LCE32AA101XQ01	CTRL33	AO	1.3.3	4	辅助蒸汽至汽轮机轴封减温调节阀控制指令	
11	10LCJ34AA101XB15	EXT33-1	DOC	1.8.1	10	6 号低压加热器正常疏水调节阀超驰关指令	
12	10LCJ34AA101XQ01	CTRL33	AO	1.3.4	3	6 号低压加热器正常疏水调节阀控制指令	
13	10LCJ30AA111XB15	EXT33-1	DOC	1.8.2	8	6 号低压加热器危急疏水调节阀超驰开指令	
14	10LCJ30AA111XQ01	CTRL33	AO	1.3.4	2	6 号低压加热器危急疏水调节阀控制指令	
15	10LCJ30AA101XB15	EXT33-1	DOC	1.7.2	8	低压加热器疏水泵再循环调节阀超驰关指令	
16	10LCJ30AA101XQ01	CTRL33	AO	1.3.3	2	低压加热器疏水泵再循环调节阀控制指令	
17	10LCJ40AA101XB15	EXT33-1	DOC	1.7.2	7	5 号低压加热器正常疏水调节阀超驰关指令	
18	10LCJ40AA101XQ01	CTRL33	AO	1.3.3	1	5 号低压加热器正常疏水调节阀控制指令	
19	10LCJ40AA111XB15	EXT33-1	DOC	1.8.2	7	5 号低压加热器危急疏水调节阀超驰开指令	
20	10LCJ40AA111XQ01	CTRL33	AO	1.3.4	1	5 号低压加热器危急疏水调节阀控制指令	
21	10LCM23AA101XQ01	CTRL33	AO	1.2.3	4	清洁水疏水泵至凝汽器调节阀控制指令	
22	10LCW60AA003XB11	EXT33-1	DOC	1.8.3	13	汽侧真空泵 C 补水电磁阀指令	
23	10MAJ20AA011XB11	EXT33-1	DOC	1.8.3	11	汽侧真空泵 C 入口气动阀开指令	
24	10MAJ20AA011XB12	EXT33-1	DOC	1.8.3	12	汽侧真空泵 C 入口气动阀关指令	
25	10LCJ31AP001XB11	EXT33-1	DOX	1.7.1	5	加热器疏水泵 1A 合闸命令	
26	10LCJ31AP001XB12	EXT33-1	DOX	1.7.1	6	加热器疏水泵 1A 分闸命令	
27	10LCJ32AP001XB11	EXT33-1	DOX	1.7.1	3	加热器疏水泵 1B 合闸命令	

表 E.17（续）

序号	信 号 编 码	机柜号	模件类型	模件位置	通道	信 号 描 述	备注
28	10LCJ32AP001XB12	EXT33-1	DOX	1.7.1	4	加热器疏水泵 1B 分闸命令	
29	10LCM20AP001XB11	EXT33-1	DOC	1.8.3	1	清洁水疏水泵 1A 合闸命令	
30	10LCM20AP001XB12	EXT33-1	DOC	1.8.3	2	清洁水疏水泵 1A 分闸命令	
31	10LCM20AP002XB11	EXT33-1	DOC	1.8.1	1	清洁水疏水泵 1B 合闸命令	
32	10LCM20AP002XB12	EXT33-1	DOC	1.8.1	2	清洁水疏水泵 1B 分闸命令	
33	10LCM20AP401XB11	EXT33-1	DOC	1.8.3	3	清洁水坑排污水泵 1A 合闸命令	
34	10LCM20AP401XB12	EXT33-1	DOC	1.8.3	4	清洁水坑排污水泵 1A 分闸命令	
35	10LCM20AP402XB11	EXT33-1	DOC	1.8.1	3	清洁水坑排污水泵 1B 合闸命令	
36	10LCM20AP402XB12	EXT33-1	DOC	1.8.1	4	清洁水坑排污水泵 1B 分闸命令	
37	10MAJ20AP001XB11	EXT33-1	DOX	1.7.1	7	机械真空泵 1C 合闸命令	
38	10MAJ20AP001XB12	EXT33-1	DOX	1.7.1	8	机械真空泵 1C 分闸命令	
39	10PAC71AP005XB11	EXT33-1	DOX	1.7.1	1	循环水泵 1C 合闸命令	
40	10PAC71AP005XB12	EXT33-1	DOX	1.7.1	2	循环水泵 1C 分闸命令	
41	10MAJ30AP002XB11	EXT33-1	DOC	1.7.3	9	机械真空泵 1C 内循环泵合闸命令	
42	10MAJ30AP002XB12	EXT33-1	DOC	1.7.3	10	机械真空泵 1C 内循环泵分闸命令	
43	10PAB71AA005XB11	33RIO1-0	DOC	4.1.3.1	1	循环水泵 C 出口液动阀开阀指令	
44	10PAB71AA005XB12	33RIO1-0	DOC	4.1.3.1	2	循环水泵 C 出口液动阀关阀指令	
45	10PGA80AA305XB12	33RIO1-0	DOC	4.1.3.1	3	循环水泵 C 电动机冷却器入口电磁阀关指令	
46	10PAA79AT005XB11	33RIO1-0	DOC	4.1.3.1	4	旋转滤网 1C 高速启动指令	
47	10PAA79AT005XB12	33RIO1-0	DOC	4.1.3.1	5	旋转滤网 1C 停止指令	
48	10PAA81AP005XB11	33RIO1-0	DOC	4.1.3.1	6	旋转滤网 1C 冲洗水泵合闸命令	
49	10PAA81AP005XB12	33RIO1-0	DOC	4.1.3.1	7	旋转滤网 1C 冲洗水泵分闸命令	

E.20 DROP34/84 控制站严重故障应急处置预案

E.20.1 故障现象

E.20.1.1 运行检查

1）凝结水系统画面上（画面编号 3505）凝汽器 A 水位、凝结水压力、流量等参数显示坏质量或者"T"字样，运行人员无法监视这些参数，无法对凝结水泵 A 及其进出口阀门、除氧器进水调节阀等进行操作，无法对凝结水输送泵 A 及热井补水调节阀进行操作。

2）高压加热器抽汽及疏水画面上（画面编号 3502）除氧器水位、压力等参数显示坏质量或者"T"字样，运行人员无法监视这些参数，无法对除氧器抽汽、溢流、放气等阀门进行操作。

3）系统状态画面中 DROP34 和 DROP84 图符颜色均显示不正常，出现"灰色"（表示控制器失电或离线）、"橘黄色"（表示控制器故障）、"紫色"（表示需运行人员关注）。

E.20.1.2 热控检查

1) 查看系统状态画面和故障控制器状态画面中的具体错误信息和故障代码。

2) 至相应控制柜查看故障控制器的电源状态。

3) 至相应控制柜查看故障控制器的显示灯状态。

4) 至相应控制柜查看故障控制器的网络连接情况。

E.20.2 故障原因

1) DROP34 和 DROP84 控制柜电源失去。

2) DROP34 和 DROP84 一对控制器电源失去。

3) DROP34 和 DROP84 一对控制器软硬件故障。

4) DROP34 和 DROP84 一对控制器失去网络连接。

E.20.3 故障后果

1) 若 DROP34 和 DROP84 控制柜失电,则 4 段抽汽疏水阀会失电开启,凝结水泵再循环调节阀会失电开启,但这些阀门已失去监视,并无法远方操作。

2) DROP34 和 DROP84 控制站故障,无法监视热井水位和除氧器水位,可能会造成水位失控,影响机组设备安全。

3) DROP34 和 DROP84 控制站故障,虽然凝结水输送泵 A,凝结水泵 A 及进、出口阀门会保持原先状态,但无法监视和操作这些设备和阀门。

E.20.4 故障处理

E.20.4.1 运行处理

1) 值长立即汇报调度,申请退出机组 AGC 控制和一次调频。通知热控人员检查,并要求操作员尽量减少操作,维持机组稳定。

2) 立即至就地查看热井水位、除氧器水位(或根据 DEH 画面来观察热井水位),并采用就地方式调整除氧器进水主、副调节阀或进、出口电动门,热井补水主、副调节阀,以维持热井和除氧器水位平衡(热控人员准备气控阀门 HART 手操器)。如果处理过程中热井或除氧器水位已超出安全范围,则运行人员手动 MFT。

3) 运行人员在工况稳定时,根据机组负荷、已运行凝结水泵台数等情况判断是否启动凝结水泵 B、凝结水泵 C,并将凝结水泵 A 及相应阀门切至就地方式,停止凝结水泵 A。

4) 运行人员将除氧器溢流、放水阀门切至就地方式,一旦除氧器水位过高,则就地开启溢流和放水阀门。

5) 运行人员将低压加热器出口电动放水门切至就地方式,一旦热井水位过高,则就地调整低压加热器出口电动放水门。

6) 对 DROP34 或者 DROP84 故障控制器进行处理时,为确保机组安全运行,应根据机组实际情况,尽量停运凝结水泵 A 和凝结水输送结水泵 A,并进行相关阀门的隔离措施。这样,即使 DROP34/84 全部故障,不能对这些设备和相关阀门进行监视和操作,也不会造成大的影响。

E.20.4.2 维护处理

1) 对故障控制器的处理详见"B.2 控制器故障诊断与处理流程图"及相关操作卡。

2) 热控人员准备气控阀门手操器。

3) 根据运行人员要求,热控人员将凝结水再循环调节阀电磁阀强制得电,并关闭该调节阀。

4) 恢复故障处理器时,应注意检查由本控制器送往其他控制器的通信信号;如有必要,需在信号接收侧作相应处理，以防故障控制器恢复时这些信号跳变或翻转而导致控制异常。

E.20.5 重要输出信号列表

DROP34/84 控制器主要涉及凝结水泵 A 及凝结水系统（包括热井水位、凝结水流量、压力等参数监视，除氧器进水主、副调节阀等相关阀门），除氧器系统（包括除氧器水位、压力等参数监视，4 段抽汽、辅助蒸汽至除氧器、疏水、除氧器溢流、放气等阀门），凝结水输送泵 A、凝汽器补水主、副调节阀等，其重要输出信号见表 E.18。

表 E.18 DROP34/84 控制器重要输出信号列表

序号	信号编码	机柜号	模件类型	模件位置	通道	信 号 描 述	备注
1	10CRA00CJJ14S004	CTRL34	AO	1.2.5	3	除氧器液位	至 DEH
2	10CRA00CXC01S001	CTRL34	AO	1.3.4	4	凝结水补水箱水位	精处理
3	10CRA00CXC01S301	EXT34-1	DOC	1.8.1	13	精处理系统旁路门开指令	精处理
4	10CRA00CXC01S302	EXT34-1	DOC	1.8.1	14	精处理系统旁路门关指令	精处理
5	10LAA10AA101XQ01	CTRL34	AO	1.3.4	3	除氧器溢流调节阀控制指令	
6	10LBG41AA101XQ01	CTRL34	AO	1.2.6	3	辅助蒸汽至除氧器副调节阀控制指令	
7	10LBS50AA412XB11	EXT34-1	DOC	1.8.2	6	4 段抽汽总管疏水气动阀 1 开指令	
8	10LBS50AA422XB11	EXT34-1	DOC	1.8.2	9	4 段抽汽总管疏水气动阀 2 开指令	
9	10LCA34AA101XQ01	CTRL34	AO	1.3.3	2	凝结水至储水箱调节阀控制指令	
10	10LCA40AA101XQ01	CTRL34	AO	1.1.3	2	除氧器水位主调节阀控制指令	
11	10LCA41AA101XB15	EXT34-1	DOC	1.7.2	13	凝结水泵最小流量调节阀超驰开指令	
12	10LCA41AA101XQ01	CTRL34	AO	1.3.3	4	凝结水泵最小流量调节阀控制指令	
13	10LCA42AA101XQ01	CTRL34	AO	1.2.6	2	除氧器水位副调节阀控制指令	
14	10LCE30AA110XQ01	CTRL34	AO	1.3.4	2	给水泵汽轮机轴封汽减温电动调节阀控制指令	
15	10LCE31AA101XQ01	CTRL34	AO	1.2.5	2	辅助蒸汽至给水泵汽轮机轴封减温调节阀控制指令	
16	10LCP20AA101XQ01	CTRL34	AO	1.1.3	1	凝汽器水位主调节阀控制指令	
17	10LCP21AA101XQ01	CTRL34	AO	1.2.6	1	凝汽器水位副调节阀控制指令	
18	10LCB11AP001XB11	EXT34-1	DOX	1.7.1	1	凝结水泵 1A 合闸命令	
19	10LCB11AP001XB12	EXT34-1	DOX	1.7.1	2	凝结水泵 1A 分闸命令	
20	10LCP11AP001XB11	EXT34-1	DOX	1.7.1	3	凝结水输送泵 1A 合闸命令	
21	10LCP11AP001XB12	EXT34-1	DOX	1.7.1	4	凝结水输送泵 1A 分闸命令	

E.21 DROP35/85 控制站严重故障应急处置预案

E.21.1 故障现象

E.21.1.1 运行检查

1）凝结水系统画面上（画面编号 3505）凝汽器 B 水位、凝结水泵 B 电流等参数显示坏质量或者"T"字样，运行人员无法监视这些参数，无法对凝结水泵 B 及其进、出口阀门，凝结水输送泵 A 进行操作和监视。

2）高压加热器抽汽及疏水画面上（画面编号 3502）A 列高压加热器水位、压力等参数显示坏质量或者"T"字样，运行人员无法监视这些参数，无法对 A 列高压加热器抽汽及疏水、高压加热器正常疏水调节阀、危急疏水调节阀等阀门进行操作和监视。

3）系统状态画面中 DROP35 和 DROP85 图符颜色均显示不正常，出现"灰色"（表示控制器失电或离线）、"橘黄色"（表示控制器故障）、"紫色"（表示需运行人员关注）。

E.21.1.2　热控检查

1）查看系统状态画面和故障控制器状态画面中的具体错误信息和故障代码。

2）至相应控制柜查看故障控制器的电源状态。

3）至相应控制柜查看故障控制器的显示灯状态。

4）至相应控制柜查看故障控制器的网络连接情况。

E.21.2　故障原因

1）DROP35 和 DROP85 控制柜电源失去。

2）DROP35 和 DROP85 一对控制器电源失去。

3）DROP35 和 DROP85 一对控制器软硬件故障。

4）DROP35 和 DROP 85 一对控制器失去网络连接。

E.21.3　故障后果

1）若 DROP35 和 DROP85 控制柜失电，则高压加热器 A 列抽汽疏水阀会失电开启，高压加热器 A 列正常疏水调节阀会失电关闭，危急疏水调节阀会失电开启，但这些阀门已失去监视，并无法远方操作。

2）DROP35 和 DROP85 控制站故障，无法监视 A 列高压加热器水位，可能会造成水位失控，影响机组设备安全。

3）DROP35 和 DROP85 控制站故障，虽然凝结水输送泵 B，凝结水泵 B 及进、出口阀门会保持原先状态，但无法监视和操作这些设备和阀门。

E.21.4　故障处理

E.21.4.1　运行处理

1）值长立即汇报调度，申请退出机组 AGC 控制和一次调频。通知热控人员检查，并要求操作员尽量减少操作，维持机组稳定。

2）运行人员根据机组负荷、已运行凝结水泵台数等情况判断是否启动凝结水泵 A、凝结水泵 C，并将凝结水泵 B 及相应阀门切至就地方式，停止凝结水泵 B。

3）运行人员将高压加热器 A 列各抽汽阀门、三通阀切至就地，视机组实际情况，逐渐进行 A 列高压加热器解列操作，以防蒸汽长时间冲刷高压加热器。

4）对 DROP35 或者 DROP85 故障控制器进行处理时，为确保机组安全运行，应根据机组实际情况，尽量停运凝结水泵 B 和凝结水输送泵 B，并进行相关阀门的隔离措施。这样，即使 DROP35/85 全部故障，不能对这些设备和相关阀门进行监视和操作，也不会造成大的影响。

E.21.4.2　维护处理

1）对故障控制器的处理详见"B.2 控制器故障诊断与处理流程图"及相关操作卡。

2）恢复故障处理器时，应注意检查由本控制器送往其他控制器的通信信号；如有必要，需在信号接收侧作相应处理，以防故障控制器恢复时这些信号跳变或翻转而导致控制异常。

E.21.5　重要输出信号列表

DROP35/85 控制器主要涉及凝结水泵 B 及其进、出口阀门，凝结水输送泵 B，高压加热器 A 列（包括高压加热器水位、压力等参数监视，高压加热器抽汽及疏水、高压加热器三通、高压加热器疏水系统等阀门），其重要输出信号见表 E.19。

表 E.19　DROP35/85 控制器重要输出信号列表

序号	信号编码	机柜号	模件类型	模件位置	通道	信 号 描 述	备注
1	10CRA00CJJ14S001	CTRL35	AO	1.2.4	3	1 号高压加热器 A 液位	至 DEH
2	10CRA00CJJ14S002	CTRL35	AO	1.3.3	3	2 号高压加热器 A 液位	至 DEH
3	10CRA00CJJ14S003	CTRL35	AO	1.2.3	1	3 号高压加热器 A 液位	至 DEH
4	10LAB21AA712XB11	EXT35-1	DOC	1.8.2	12	高压加热器 A 列三通阀泄压气动阀开指令	
5	10LBQ60AA402XB11	EXT35-1	DOC	1.8.2	11	3 段抽汽疏水至扩容器气动阀 1 开指令	
6	10LBQ60AA404XB11	EXT35-1	DOC	1.8.2	14	3 段抽汽疏水至扩容器气动阀 2 开指令	
7	10LBQ61AA051XB12	EXT35-1	DOC	1.8.2	8	3 段抽汽至 3 号高压加热器 A 抽汽止回阀关指令	
8	10LBQ71AA051XB12	EXT35-1	DOC	1.8.2	4	2 段抽汽至 2 号高压加热器 A 抽汽止回阀关指令	
9	10LBQ71AA402XB11	EXT35-1	DOC	1.8.2	9	冷再至 2 号高压加热器 A 疏水气动阀 1 开指令	
10	10LBQ71AA404XB11	EXT35-1	DOC	1.8.2	10	冷再至 2 号高压加热器 A 疏水气动阀 2 开指令	
11	10LBQ80AA402XB11	EXT35-1	DOC	1.8.1	7	1 段抽汽疏水至扩容器气动阀 1 开指令	
12	10LBQ80AA404XB11	EXT35-1	DOC	1.8.1	10	1 段抽汽疏水至扩容器气动阀 2 开指令	
13	10LBQ81AA051XB12	EXT35-1	DOC	1.8.1	4	1 段抽汽至 1 号高压加热器 A 抽汽止回阀关指令	
14	10LCH61AA101XB15	EXT35-1	DOC	1.8.1	13	3 号高压加热器 A 正常疏水调节阀超驰关指令	
15	10LCH61AA101XQ01	CTRL35	AO	1.1.3	3	3 号高压加热器 A 正常疏水调节阀控制指令	
16	10LCH61AA111XB15	EXT35-1	DOC	1.7.2	8	3 号高压加热器 A 危急疏水调节阀超驰开指令	
17	10LCH61AA111XQ01	CTRL35	AO	1.3.3	2	3 号高压加热器 A 危急疏水调节阀控制指令	
18	10LCH71AA101XB15	EXT35-1	DOC	1.8.1	12	2 号高压加热器 A 正常疏水调节阀超驰关指令	
19	10LCH71AA101XQ01	CTRL35	AO	1.1.3	2	2 号高压加热器 A 正常疏水调节阀控制指令	
20	10LCH71AA111XB15	EXT35-1	DOC	1.7.2	7	2 号高压加热器 A 危急疏水调节阀超驰开指令	
21	10LCH71AA111XQ01	CTRL35	AO	1.3.3	1	2 号高压加热器 A 危急疏水调节阀控制指令	
22	10LCH71AA121XB15	EXT35-1	DOC	1.7.2	6	2 号高压加热器 A 危急疏水至除氧调节阀超驰开指令	
23	10LCH71AA121XQ01	CTRL35	AO	1.2.4	2	2 号高压加热器 A 危急疏水至除氧器调节阀控制指令	
24	10LCH81AA101XB15	EXT35-1	DOC	1.8.1	11	1 号高压加热器 A 正常疏水调节阀超驰关指令	
25	10LCH81AA101XQ01	CTRL35	AO	1.1.3	1	1 号高压加热器 A 正常疏水调节阀控制指令	
26	10ALM10UNI99	EXT35-1	DOC	1.7.2	16	机组总报警	
27	10LCH81AA111XB15	EXT35-1	DOC	1.7.2	5	1 号高压加热器 A 危急疏水调节阀超驰开指令	
28	10LCH81AA111XQ01	CTRL35	AO	1.2.4	1	1 号高压加热器 A 危急疏水调节阀控制指令	
29	10LCB12AP001XB11	EXT35-1	DOX	1.7.1	1	凝结水泵 1B 合闸命令	

表 E.19（续）

序号	信 号 编 码	机柜号	模件类型	模件位置	通道	信 号 描 述	备注
30	10LCB12AP001XB12	EXT35-1	DOX	1.7.1	2	凝结水泵 1B 分闸命令	
31	10LCP12AP001XB11	EXT35-1	DOX	1.7.1	3	凝结水输送泵 1B 合闸命令	
32	10LCP12AP001XB12	EXT35-1	DOX	1.7.1	4	凝结水输送泵 1B 分闸命令	

E.22 DROP36/86 控制站严重故障应急处置预案

E.22.1 故障现象

E.22.1.1 运行检查

1）凝结水系统画面上（画面编号 3505）凝结水泵 C 电流等参数显示坏质量或者"T"字样，运行人员无法监视这些参数，无法对凝结水泵 C 及其进出口阀门、凝结水输送泵 C 进行操作和监视。

2）高压加热器抽汽及疏水画面上（画面编号 3502）B 列高压加热器水位、压力等参数显示坏质量或者"T"字样，运行人员无法监视这些参数，无法对 B 列高压加热器抽汽及疏水、高压加热器正常疏水调节阀、危急疏水调节阀等阀门进行操作和监视。

3）高压加热器给水画面（画面编号 3504）和电动给水泵画面（画面编号 3514）上电动给水泵电流、流量压力等参数显示坏质量或者"T"字样，运行人员无法监视这些参数，无法对电动给水泵及相关阀门进行操作和监视。

4）系统状态画面中 DROP36 和 DROP86 图符颜色均显示不正常，出现"灰色"（表示控制器失电或离线）、"橘黄色"（表示控制器故障）、"紫色"（表示需运行人员关注）。

E.22.1.2 热控检查

1）查看系统状态画面和故障控制器状态画面中的具体错误信息和故障代码。

2）至相应控制柜查看故障控制器的电源状态。

3）至相应控制柜查看故障控制器的显示灯状态。

4）至相应控制柜查看故障控制器的网络连接情况。

E.22.2 故障原因

1）DROP36 和 DROP86 控制柜电源失去。

2）DROP36 和 DROP86 一对控制器电源失去。

3）DROP36 和 DROP86 一对控制器软硬件故障。

4）DROP36 和 DROP 85 一对控制器失去网络连接。

E.22.3 故障后果

1）若 DROP36 和 DROP86 控制柜失电，则高压加热器 B 列抽汽疏水阀会失电开启，高压加热器 B 列正常疏水调节阀会失电关闭，危急疏水调节阀会失电开启，但这些阀门已失去监视，并无法远方操作。

2）DROP36 和 DROP86 控制站故障，无法监视 B 列高压加热器水位，可能会造成水位失控，影响机组设备安全。

3）DROP36 和 DROP86 控制站故障，虽然凝结水输送泵 C、凝结水泵 C 及进出口阀门会保持原先状态，但无法监视和操作这些设备和阀门。

E.22.4 故障处理

E.22.4.1 运行处理

1）值长立即汇报调度，申请退出机组 AGC 控制和一次调频。通知热控人员检查，并要求操作员尽量减少操作，维持机组稳定。

2）运行人员根据机组负荷、已运行凝结水泵台数等情况判断是否启动凝结水泵 A、凝结水泵 B，并将凝结水泵 C 及相应阀门切至就地方式，停止凝结水泵 C。

3）运行人员将高压加热器 B 列各抽汽阀门、三通阀切至就地，视机组实际情况，逐渐进行 B 列高压加热器解列操作，以防蒸汽长时间冲刷高压加热器。

4）对 DROP36 或者 DROP86 故障控制器进行处理时，为确保机组安全运行，应根据机组实际情况，尽量停运凝结水泵 C 和凝结水输送泵 C，并进行相关阀门的隔离措施。这样，即使 DROP36/86 全部故障，不能对这些设备和相关阀门进行监视和操作，也不会造成大的影响。

E.22.4.2 维护处理

1）对故障控制器的处理详见"B.2 控制器故障诊断与处理流程图"及相关操作卡。

2）恢复故障处理器时，应注意检查由本控制器送往其他控制器的通信信号；如有必要，需在信号接收侧作相应处理，以防故障控制器恢复时这些信号跳变或翻转而导致控制异常。

E.22.5 重要输出信号列表

DROP36/86 控制器主要涉及电动给水泵及相关阀门，凝结水泵 C 及其进、出口阀门，凝结水输送泵 C，高压加热器 B 列（包括高压加热器水位、压力等参数监视，高压加热器抽汽及疏水、高压加热器三通、高压加热器疏水系统等阀门），其重要输出信号见表 E.20。

表 E.20　DROP36/86 控制器重要输出信号列表

序号	信号编码	机柜号	模件类型	模件位置	通道	信号描述	备注
1	10CRA00CJJ14S007	CTRL36	AO	1.2.5	4	1 号高压加热器 B 液位	至 DEH
2	10CRA00CJJ14S008	CTRL36	AO	1.3.3	1	2 号高压加热器 B 液位	至 DEH
3	10CRA00CJJ14S009	CTRL36	AO	1.3.3	2	3 号高压加热器 B 液位	至 DEH
4	10LAB22AA712XB11	EXT36-1	DOC	1.8.2	12	高压加热器 B 列三通阀泄压气动阀开指令	
5	10LAH10AA101XB15	EXT36-1	DOC	1.8.2	9	电动给水泵给水再循环调节阀超驰开指令	
6	10LAH10AA101XQ01	CTRL36	AO	1.1.4	4	电动给水泵给水再循环调节阀控制指令	
7	10LAJ10AA101XQ01	CTRL36	AO	1.3.3	3	电动给水泵液力耦合器勺管位置调节指令	
8	10LBQ62AA051XB12	EXT36-1	DOC	1.8.1	11	3 段抽汽至 3 号高压加热器 B 抽汽止回阀关指令	
9	10LBQ72AA051XB12	EXT36-1	DOC	1.8.1	7	2 段抽汽至 2 号高压加热器 B 抽汽止回阀关指令	
10	10LBQ72AA402XB11	EXT36-1	DOC	1.8.2	10	冷再热蒸汽至 2 号高压加热器 B 疏水气动阀 1 开指令	
11	10LBQ72AA404XB11	EXT36-1	DOC	1.8.2	11	冷再热蒸汽至 2 号高压加热器 B 疏水气动阀 2 开指令	
12	10LBQ82AA051XB12	EXT36-1	DOC	1.7.2	12	1 段抽汽至 1 号高压加热器 B 抽汽止回阀关指令	
13	10LCH62AA101XB15	EXT36-1	DOC	1.8.1	3	3 号高压加热器 B 正常疏水调节阀超驰关指令	

表 E.20（续）

序号	信号编码	机柜号	模件类型	模件位置	通道	信 号 描 述	备注
14	10LCH62AA101XQ01	CTRL36	AO	1.1.4	3	3 号高压加热器 B 正常疏水调节阀控制指令	
15	10LCH62AA111XB15	EXT36-1	DOC	1.7.2	8	3 号高压加热器 B 危急疏水调节阀超驰开指令	
16	10LCH62AA111XQ01	CTRL36	AO	1.3.4	2	3 号高压加热器 B 危急疏水调节阀控制指令	
17	10LCH72AA101XB15	EXT36-1	DOC	1.8.1	2	2 号高压加热器 B 正常疏水调节阀超驰关指令	
18	10LCH72AA101XQ01	CTRL36	AO	1.1.4	2	2 号高压加热器 B 正常疏水调节阀控制指令	
19	10LCH72AA111XB15	EXT36-1	DOC	1.7.2	7	2 号高压加热器 B 危急疏水调节阀超驰开指令	
20	10LCH72AA111XQ01	CTRL36	AO	1.3.4	1	2 号高压加热器 B 危急疏水调节阀控制指令	
21	10LCH72AA121XB15	EXT36-1	DOC	1.7.2	6	2 号高压加热器 B 危急疏水至除氧器调节阀超驰开指令	
22	10LCH72AA121XQ01	CTRL36	AO	1.2.5	2	2 号高压加热器 B 危急疏水至除氧器调节阀控制指令	
23	10LCH82AA101XB15	EXT36-1	DOC	1.8.1	1	1 号高压加热器 B 正常疏水调节阀超驰关指令	
24	10LCH82AA101XQ01	CTRL36	AO	1.1.4	1	1 号高压加热器 B 正常疏水调节阀控制指令	
25	10LCH82AA111XB15	EXT36-1	DOC	1.7.2	5	1 号高压加热器 B 危急疏水调节阀超驰开指令	
26	10LCH82AA111XQ01	CTRL36	AO	1.2.5	1	1 号高压加热器 B 危急疏水调节阀控制指令	
27	10PGB50AA101XQ01	CTRL36	AO	1.2.5	3	耦合器润滑油温度气动调节阀控制指令	
28	10PGB50AA102XQ01	CTRL36	AO	1.3.4	3	耦合器工作油温度气动调节阀控制指令	
29	10LAJ10AP001XB11	EXT36-1	DOX	1.7.1	5	1 号电动给水泵合闸命令	
30	10LAJ10AP001XB12	EXT36-1	DOX	1.7.1	6	1 号电动给水泵分闸命令	
31	10LCB13AP001XB11	EXT36-1	DOX	1.7.1	1	凝结水泵 1C 合闸命令	
32	10LCB13AP001XB12	EXT36-1	DOX	1.7.1	2	凝结水泵 1C 分闸命令	
33	10LCP13AP001XB11	EXT36-1	DOX	1.7.1	3	凝结水输送泵 1C 合闸命令	
34	10LCP13AP001XB12	EXT36-1	DOX	1.7.1	4	凝结水输送泵 1C 分闸命令	
35	10PUE10AP001XB11	EXT36-1	DOX	1.7.1	7	1 号机组电动给水泵润滑油泵合闸命令	
36	10PUE10AP001XB12	EXT36-1	DOX	1.7.1	8	1 号机组电动给水泵润滑油泵分闸命令	

E.23 DROP37/87 控制站严重故障应急处置预案

E.23.1 故障现象

E.23.1.1 运行检查

1）给水系统画面上（画面编号 3504）汽动给水泵 A 流量、压力等参数显示坏质量或者 "T" 字样，运行人员无法监视这些参数，无法对前置泵 A 及其进、出口阀门进行操作和监视。

2）汽动给水泵 A 本体及油系统画面上（画面编号 3515）一些轴承温度、电动机线圈温度、油压、油温等参数显示坏质量或者 "T" 字样，运行人员无法监视这些参数，无法对给水泵汽轮机 A 润滑油泵、控制油泵、排烟风机等设备进行操作和监视。

3）给水泵汽轮机进汽和疏水画面上（画面编号 3518）给水泵汽轮机 A 进汽压力、温度等参数显示坏质量或者"T"字样，运行人员无法监视这些参数，无法对给水泵汽轮机 A 各路进汽及其疏水、给水泵汽轮机排汽等阀门进行操作和监视。

4）系统状态画面中 DROP37 和 DROP87 图符颜色均显示不正常，出现"灰色"（表示控制器失电或离线）、"橘黄色"（表示控制器故障）、"紫色"（表示需运行人员关注）。

E.23.1.2 热控检查

1）查看系统状态画面和故障控制器状态画面中的具体错误信息和故障代码。

2）至相应控制柜查看故障控制器的电源状态。

3）至相应控制柜查看故障控制器的显示灯状态。

4）至相应控制柜查看故障控制器的网络连接情况。

E.23.2 故障原因

1）DROP37 和 DROP87 控制柜电源失去。

2）DROP37 和 DROP87 一对控制器电源失去。

3）DROP37 和 DROP87 一对控制器软硬件故障。

4）DROP37 和 DROP87 一对控制器失去网络连接。

E.23.3 故障后果

1）若 DROP37 和 DROP87 控制柜失电，则给水泵汽轮机 A 列各进汽疏水阀会失电开启，给水泵 A 再循环阀门失电开启，但这些阀门已失去监视，并无法远方操作。

2）DROP37 和 DROP87 控制站故障，无法监视给水泵 A 流量、给水泵汽轮机 A 转速、轴承温度等重要参数，操作不当可能会危及汽动给水泵组 A 的设备安全。

3）DROP37 和 DROP87 控制站故障，虽然给水泵汽轮机 A ETS 保护仍存在，但由 DCS 发出的给水泵汽轮机和给水泵保护已失去，包括轴承温度、振动、给水流量低等保护。

4）DROP37 和 DROP87 控制站故障，给水泵汽轮机 MEH 转速控制已无法正常工作，可能造成给水泵汽轮机 A 转速失控。

5）给水泵汽轮机 A 调节阀门输出卡故障，会导致给水泵汽轮机 A 转速失控，进汽调节阀门可能关闭。

E.23.4 故障处理

E.23.4.1 运行处理

1）在确认 DROP37 和 DROP87 控制柜失电或 MEH 给水泵汽轮机 A 调节阀门输出卡故障，给水流量大幅下降后，可立即按下给水泵汽轮机 A 手动跳闸按钮。如果当时给水主控、煤主控均投入自动，则触发给水泵 RB，机组自动快速减负荷至 50%；如果给水主控或者煤主控在手动，则运行人员应立即手动同时停相关磨煤机并减煤量至 50%。

2）运行人员在确认 DROP37 和 DROP87 控制站故障后，如短时间无法恢复，则按下给水泵汽轮机 A 手动跳闸按钮，触发给水泵 RB，机组自动快速减负荷至 50%；或者运行人员手动停磨、减煤量。

3）值长立即汇报调度，退出 AGC 控制和一次调频，并准备减负荷至 50%。通知热控人员检查，并要求操作员尽量减少操作，维持机组稳定。

4）给水泵 RB 发生后，应加强主蒸汽温度监视，防止主蒸汽温度下降过低。

5）运行人员立即至就地查看给水泵汽轮机 A 主汽门、调节阀是否已关闭，转速是否正在慢慢下降。

6）运行人员立即至就地查看给水泵汽轮机 A 润滑油泵是否正常运行，必要时手动启动交流油泵或者直流油泵，确保给水泵汽轮机 A 安全停机。同时，查看盘车是否自动投运，必要时手动启用盘车。

7）对 DROP37 或者 DROP87 故障控制器进行处理时，为确保机组安全运行，可在低负荷时将给水泵汽轮机 A 停运后进行。这样，即使 DROP37/87 全部故障，也不会对锅炉给水系统造成大的影响，可维持机组安全运行。

E.23.4.2 维护处理

1）对故障控制器的处理详见"B.2 控制器故障诊断与处理流程图"及相关操作卡。

2）恢复故障处理器时，应注意检查由本控制器送往其他控制器的通信信号；如有必要，需在信号接收侧作相应处理，以防故障控制器恢复时这些信号跳变或翻转而导致控制异常。

E.23.5 重要输出信号列表

DROP37/87 控制器主要涉及前置泵 A，汽动给水泵 A 及水侧阀门，给水泵汽轮机 A 本体及进汽、疏水、排汽等阀门，给水泵汽轮机 A 盘车、润滑油泵、控制油泵等辅助设备，另外还涉及给水泵汽轮机 MEH 控制部分（包括给水泵汽轮机转速控制，进汽调节阀指令输出等），其重要输出信号见表 E.21。

表 E.21 DROP37/87 控制器重要输出信号列表

序号	信号编码	机柜号	模件类型	模件位置	通道	信号描述	备注
1	10CRA00CJU01S301	EXT37-2	DOC	2.3.2	15	DCS 跳给水泵汽轮机 A1	
2	10CRA00CJU01S302	EXT37-2	DOC	2.4.3	15	DCS 跳给水泵汽轮机 A2	
3	10CRA00CJU01S303	EXT37-2	DOC	2.4.4	15	DCS 跳给水泵汽轮机 A3	
4	10LAB11AA101XB15	EXT37-2	DOC	2.3.3	7	汽动给水泵 A 给水再循环调节阀超驰开指令	
5	10LAB11AA101XQ01	EXT37-1	AO	1.5.3	2	汽动给水泵 A 给水再循环调节阀控制指令	
6	10LBG60AA101XQ01	EXT37-1	AO	1.6.6	3	辅助蒸汽至给水泵汽轮机轴封减压调节阀控制指令	
7	10LAC11AA101XQ01	EXT37-1	AO	1.6.6	1	给水泵 A 密封水调节阀 1 控制指令	
8	10LAC11AA102XQ01	EXT37-1	AO	1.6.6	2	给水泵 A 密封水调节阀 2 控制指令	
9	10LBC11AA404XB11	EXT37-2	DOC	2.3.3	10	开冷再热蒸汽去给水泵汽轮机 A 高压汽源疏水阀指令	
10	10LBC11AA404XQ01	EXT37-1	AO	1.5.3	3	开冷再热蒸汽去给水泵汽轮机 A 高压汽源疏水阀控制指令	
11	10LBR11AA402XB11	EXT37-2	DOC	2.4.2	6	4 段抽汽供给水泵汽轮机 A 疏水气动阀 1 开指令	
12	10LBR11AA412XB11	EXT37-2	DOC	2.4.2	9	4 段抽汽供给水泵汽轮机 A 疏水气动阀 2 开指令	
13	10XAL11AA401XB11	EXT37-2	DOC	2.4.2	12	给水泵汽轮机 A 低压蒸汽主汽阀疏水气动阀开指令	
14	10XAV11AA007XB11	EXT37-2	DOC	2.4.4	7	给水泵汽轮机 A 润滑油电磁阀 1 开指令	
15	10XAV11AA008XB11	EXT37-2	DOC	2.4.4	8	给水泵汽轮机 A 润滑油电磁阀 2 开指令	
16	10LAC11AP001XB11	EXT37-2	DOX	2.3.1	1	汽动给水泵前置泵 1A 合闸命令	
17	10LAC11AP001XB12	EXT37-2	DOX	2.3.1	2	汽动给水泵前置泵 1A 分闸命令	
18	10CRA37R001	EXT37-2	DOC	2.4.1	12	给水泵汽轮机 A 切换过滤器切换电磁阀动作	
19	10XAC11AP012XB11	EXT37-2	DOC	2.4.4	5	给水泵汽轮机 1A 润滑油输送泵合闸命令	
20	10XAC11AP012XB12	EXT37-2	DOC	2.4.4	6	给水泵汽轮机 1A 润滑油输送泵分闸命令	

表 E.21（续）

序号	信 号 编 码	机柜号	模件类型	模件位置	通道	信 号 描 述	备注
21	10XAC31AP001XB11	EXT37-2	DOC	2.3.2	1	给水泵汽轮机 1A 抗燃油主油泵 A 合闸命令	
22	10XAC31AP001XB12	EXT37-2	DOC	2.3.2	2	给水泵汽轮机 1A 抗燃油主油泵 A 分闸命令	
23	10XAC31AP002XB11	EXT37-2	DOC	2.4.3	1	给水泵汽轮机 1A 抗燃油主油泵 B 合闸命令	
24	10XAC31AP002XB12	EXT37-2	DOC	2.4.3	2	给水泵汽轮机 1A 抗燃油主油泵 B 分闸命令	
25	10XAC31AP003XB11	EXT37-2	DOC	2.3.2	3	给水泵汽轮机 1A 抗燃油循环泵 A 合闸命令	
26	10XAC31AP003XB12	EXT37-2	DOC	2.3.2	4	给水泵汽轮机 1A 抗燃油循环泵 A 分闸命令	
27	10XAC31AP004XB11	EXT37-2	DOC	2.4.3	3	给水泵汽轮机 1A 抗燃油循环泵 B 合闸命令	
28	10XAC31AP004XB12	EXT37-2	DOC	2.4.3	4	给水泵汽轮机 1A 抗燃油循环泵 B 分闸命令	
29	10XAV10BN001XB11	EXT37-2	DOC	2.3.2	7	给水泵汽轮机 1A 油箱排烟风机 A 合闸命令	
30	10XAV10BN001XB12	EXT37-2	DOC	2.3.2	8	给水泵汽轮机 1A 油箱排烟风机 A 分闸命令	
31	10XAV10BN002XB11	EXT37-2	DOC	2.4.3	7	给水泵汽轮机 1A 油箱排烟风机 B 合闸命令	
32	10XAV10BN002XB12	EXT37-2	DOC	2.4.3	8	给水泵汽轮机 1A 油箱排烟风机 B 分闸命令	
33	10XAV11AP001XB11	EXT37-2	DOC	2.3.2	5	给水泵汽轮机 1A 交流油泵 A 合闸命令	
34	10XAV11AP001XB12	EXT37-2	DOC	2.3.2	6	给水泵汽轮机 1A 交流油泵 A 分闸命令	
35	10XAV11AP002XB11	EXT37-2	DOC	2.4.3	5	给水泵汽轮机 1A 交流油泵 B 合闸命令	
36	10XAV11AP002XB12	EXT37-2	DOC	2.4.3	6	给水泵汽轮机 1A 交流油泵 B 分闸命令	
37	10XAV11AP004XB11	EXT37-2	DOC	2.4.3	11	给水泵汽轮机 1A 盘车电动机合闸命令（常开）	
38	10XAV11AP004XB12	EXT37-2	DOC	2.4.3	12	给水泵汽轮机 1A 盘车电动机合闸命令（常闭）	
39	10XAV11AP004XB13	EXT37-2	DOC	2.4.3	13	给水泵汽轮机 1A 盘车电动机分闸命令	
40	10XAV11AP004XB14	EXT37-2	DOC	2.4.3	14	给水泵汽轮机 1A 润滑油压正常信号至盘车	
41	10XAV21AP003XB11	EXT37-2	DO	2.1.8	1	给水泵汽轮机 1B 直流事故油泵合闸命令	
42	10XAV21AP003XB12	EXT37-2	DO	2.1.8	2	给水泵汽轮机 1B 直流事故油泵分闸命令	
43	10LBC11AA408XB11	EXT37-2	DOC	2.4.1	5	开冷再热蒸汽去给水泵汽轮机 A 高压汽源疏水罐疏水阀指令	

E.24 DROP38/88 控制站严重故障应急处置预案

E.24.1 故障现象

E.24.1.1 运行检查

1）给水系统画面上（画面编号 3504）汽动给水泵 B 流量、压力等参数显示坏质量或者"T"字样，运行人员无法监视这些参数，无法对前置泵 B 及其进、出口阀门进行操作和监视。

2）汽动给水泵 B 本体及油系统画面上（画面编号 3516）一些轴承温度、电动机线圈温度、油压、油温等参数显示坏质量或者"T"字样，运行人员无法监视这些参数，无法对给水泵汽轮机 B 润滑油泵、控制油泵、排烟风机等设备进行操作和监视。

3）给水泵汽轮机进汽和疏水画面上（画面编号 3518）给水泵汽轮机 B 进汽压力、温度等参数显示坏质量或者"T"字样，运行人员无法监视这些参数，无法对给水泵汽轮机 B 各路进汽及其疏水、给水泵汽轮机排汽等阀门进行操作和监视。

4）系统状态画面中 DROP38 和 DROP88 图符颜色均显示不正常，出现"灰色"（表示控制器失电或离线）、"橘黄色"（表示控制器故障）、"紫色"（表示需运行人员关注）。

E.24.1.2　热控检查

1）查看系统状态画面和故障控制器状态画面中的具体错误信息和故障代码。

2）至相应控制柜查看故障控制器的电源状态。

3）至相应控制柜查看故障控制器的显示灯状态。

4）至相应控制柜查看故障控制器的网络连接情况。

E.24.2　故障原因

1）DROP38 和 DROP88 控制柜电源失去。

2）DROP38 和 DROP88 一对控制器电源失去。

3）DROP38 和 DROP88 一对控制器软硬件故障。

4）DROP38 和 DROP88 一对控制器失去网络连接。

E.24.3　故障后果

1）若 DROP38 和 DROP88 控制柜失电，则给水泵汽轮机 B 列各进汽疏水阀会失电开启，给水泵 B 再循环阀门失电开启，但这些阀门已失去监视，并无法远方操作。

2）DROP38 和 DROP88 控制站故障，无法监视给水泵 B 流量、给水泵汽轮机 B 转速、轴承温度等重要参数，操作不当可能会危及汽动给水泵组 B 的设备安全。

3）DROP38 和 DROP88 控制站故障，虽然给水泵汽轮机 B ETS 保护仍存在，但由 DCS 发出的给水泵汽轮机和给水泵保护已失去，包括轴承温度、振动、给水流量低等保护。

4）DROP38 和 DROP88 控制站故障，给水泵汽轮机 MEH 转速控制已无法正常工作，可能造成给水泵汽轮机 B 转速失控。

5）给水泵汽轮机 B 调节阀输出卡故障，会导致给水泵汽轮机 B 转速失控，进汽调节阀可能关闭。

E.24.4　故障处理

E.24.4.1　运行处理

1）在确认 DROP38 和 DROP88 控制柜失电或 MEH 给水泵汽轮机 B 调节阀输出卡故障，给水流量大幅下降后，可立即按下给水泵汽轮机 B 手动跳闸按钮。如果当时给水主控、煤主控均投入自动，则触发给水泵 RB，机组自动快速减负荷至 50%；如果给水主控或者煤主控在手动，则运行人员应立即手动同时停相关磨煤机并减煤量至 50%。

2）运行人员在确认 DROP38 和 DROP88 控制站故障后，如短时间无法恢复，则按下给水泵汽轮机 B 手动跳闸按钮，触发给水泵 RB，机组自动快速减负荷至 50%；或者运行人员手动停磨、减煤量。

3）值长立即汇报调度，退出 AGC 控制和一次调频，并准备减负荷至 50%。通知热控人员检查，并要求操作员尽量减少操作，维持机组稳定。

4）给水泵 RB 发生后，应加强主蒸汽温度监视，防止主蒸汽温度下降过低。

5）运行人员立即至就地查看给水泵汽轮机 B 主汽门、调节阀是否已关闭，转速是否正在慢慢下降。

6）运行人员立即至就地查看给水泵汽轮机 B 润滑油泵是否正常运行，必要时手动启动交流油泵或者直流油泵，确保给水泵汽轮机 B 安全停机。同时，查看盘车是否自动投运，必要时手动启用盘车。

7）对 DROP38 或者 DROP88 故障控制器进行处理时，为确保机组安全运行，可在低负荷时将给水泵汽轮机 B 停运后进行。这样，即使 DROP38/88 全部故障，也不会对锅炉给水系统造成大的影响，可维持机组安全运行。

E.24.4.2 维护处理

1）对故障控制器的处理详见"B.2 控制器故障诊断与处理流程图"及相关操作卡。

2）恢复故障处理器时，应注意检查由本控制器送往其他控制器的通信信号；如有必要，需在信号接收侧作相应处理，以防故障控制器恢复时这些信号跳变或翻转而导致控制异常。

E.24.5 重要输出信号列表

DROP38/88 控制器主要涉及前置泵 B、汽动给水泵 B 及水侧阀门，给水泵汽轮机 B 本体及进汽、疏水、排汽等阀门，给水泵汽轮机 B 盘车、润滑油泵、控制油泵等辅助设备，另外还涉及给水泵汽轮机 MEH 控制部分（包括给水泵汽轮机转速控制、进汽调节阀指令输出等），其重要输出信号见表 E.22。

表 E.22 DROP38/88 控制器重要输出信号列表

序号	信 号 编 码	机柜号	模件类型	模件位置	通道	信 号 描 述	备注
1	10CRA00CJU02S301	EXT38-2	DOC	2.4.2	15	DCS 跳给水泵汽轮机 B1	
2	10CRA00CJU02S302	EXT38-2	DOC	2.4.3	15	DCS 跳给水泵汽轮机 B2	
3	10CRA00CJU02S303	EXT38-2	DOC	2.4.4	15	DCS 跳给水泵汽轮机 B3	
4	10LAB12AA101XB15	EXT38-2	DOC	2.3.3	7	汽动给水泵 B 给水再循环调节阀超驰开指令	
5	10LAB12AA101XQ01	EXT38-1	AO	1.5.3	2	汽动给水泵 B 给水再循环调节阀控制指令	
6	10LAC12AA101XQ01	EXT38-1	AO	1.6.6	1	给水泵 B 密封水调节阀 1 控制指令	
7	10LAC12AA102XQ01	EXT38-1	AO	1.6.6	2	给水泵 B 密封水调节阀 2 控制指令	
8	10LBC12AA404XB11	EXT38-2	DOC	2.3.3	10	开冷再热蒸汽去给水泵汽轮机 B 高压汽源疏水阀指令	
9	10LBC12AA404XQ01	EXT38-1	AO	1.5.3	3	开冷再热蒸汽去给水泵汽轮机 B 高压汽源疏水阀控制指令	
10	10LBR12AA402XB11	EXT38-2	DOC	2.4.2	6	4 段抽汽供给水泵汽轮机 B 疏水气动阀 1 开指令	
11	10LBR12AA412XB11	EXT38-2	DOC	2.4.2	9	4 段抽汽供给水泵汽轮机 B 疏水气动阀 2 开指令	
12	10MFT00DO002A	EXT38-2	DOC	2.3.2	16	汽动给水泵 B 跳闸 1MFT	
13	10MFT00DO002B	EXT38-2	DOC	2.4.4	16	汽动给水泵 B 跳闸 2MFT	
14	10XAL21AA401XB11	EXT38-2	DOC	2.4.2	12	给水泵汽轮机B低压蒸汽主汽阀疏水气动阀开指令	
15	10LAC12AP001XB11	EXT38-2	DOX	2.3.1	1	汽动给水泵前置泵 1B 合闸命令	
16	10LAC12AP001XB12	EXT38-2	DOX	2.3.1	2	汽动给水泵前置泵 1B 分闸命令	
17	10CRA38R001	EXT38-2	DOC	2.4.1	12	给水泵汽轮机 B 切换阀过滤器切换电磁阀动作	
18	10XAC21AP012XB11	EXT38-2	DOC	2.4.4	5	给水泵汽轮机 1B 润滑油输送泵合闸命令	
19	10XAC21AP012XB12	EXT38-2	DOC	2.4.4	6	给水泵汽轮机 1B 润滑油输送泵分闸命令	
20	10XAC41AH001XB11	EXT38-2	DOC	2.4.4	3	给水泵汽轮机 1B 抗燃油箱加热器合闸命令	
21	10XAC41AH001XB12	EXT38-2	DOC	2.4.4	4	给水泵汽轮机 1B 抗燃油箱加热器分闸命令	

表 E.22（续）

序号	信号编码	机柜号	模件类型	模件位置	通道	信 号 描 述	备注
22	10XAC41AP001XB11	EXT38-2	DOC	2.3.2	1	给水泵汽轮机 1B 抗燃油主油泵 A 合闸命令	
23	10XAC41AP001XB12	EXT38-2	DOC	2.3.2	2	给水泵汽轮机 1B 抗燃油主油泵 A 分闸命令	
24	10XAC41AP002XB11	EXT38-2	DOC	2.4.3	1	给水泵汽轮机 1B 抗燃油主油泵 B 合闸命令	
25	10XAC41AP002XB12	EXT38-2	DOC	2.4.3	2	给水泵汽轮机 1B 抗燃油主油泵 B 分闸命令	
26	10XAC41AP003XB11	EXT38-2	DOC	2.3.2	3	给水泵汽轮机 1B 抗燃油循环泵 A 合闸命令	
27	10XAC41AP003XB12	EXT38-2	DOC	2.3.2	4	给水泵汽轮机 1B 抗燃油循环泵 A 分闸命令	
28	10XAC41AP004XB11	EXT38-2	DOC	2.4.3	3	给水泵汽轮机 1B 抗燃油循环泵 B 合闸命令	
29	10XAC41AP004XB12	EXT38-2	DOC	2.4.3	4	给水泵汽轮机 1B 抗燃油循环泵 B 分闸命令	
30	10XAV11AP003XB11	EXT38-2	DO	2.1.8	1	给水泵汽轮机 1A 直流事故油泵合闸命令	
31	10XAV11AP003XB12	EXT38-2	DO	2.1.8	2	给水泵汽轮机 1A 直流事故油泵分闸命令	
32	10XAV20AH001XB12	EXT38-2	DOC	2.3.2	11	给水泵汽轮机 1B 油箱电加热器分闸命令	
33	10XAV20BN001XB11	EXT38-2	DOC	2.3.2	7	给水泵汽轮机 1B 油箱排烟风机 A 合闸命令	
34	10XAV20BN001XB12	EXT38-2	DOC	2.3.2	8	给水泵汽轮机 1B 油箱排烟风机 A 分闸命令	
35	10XAV20BN002XB11	EXT38-2	DOC	2.4.3	7	给水泵汽轮机 1B 油箱排烟风机 B 合闸命令	
36	10XAV20BN002XB12	EXT38-2	DOC	2.4.3	8	给水泵汽轮机 1B 油箱排烟风机 B 分闸命令	
37	10XAV21AP001XB11	EXT38-2	DOC	2.3.2	5	给水泵汽轮机 1B 交流油泵 A 合闸命令	
38	10XAV21AP001XB12	EXT38-2	DOC	2.3.2	6	给水泵汽轮机 1B 交流油泵 A 分闸命令	
39	10XAV21AP001XB13	EXT38-2	DOC	2.4.3	9	给水泵汽轮机 1B 交流油泵自动控制命令	
40	10XAV21AP001XB14	EXT38-2	DOC	2.4.3	10	给水泵汽轮机 1B 交流油泵手动控制命令	
41	10XAV21AP002XB11	EXT38-2	DOC	2.4.3	5	给水泵汽轮机 1B 交流油泵 B 合闸命令	
42	10XAV21AP002XB12	EXT38-2	DOC	2.4.3	6	给水泵汽轮机 1B 交流油泵 B 分闸命令	
43	10XAV21AP004XB11	EXT38-2	DOC	2.4.3	11	给水泵汽轮机 1B 盘车电动机合闸命令（常开）	
44	10XAV21AP004XB12	EXT38-2	DOC	2.4.3	12	给水泵汽轮机 1B 盘车电动机合闸命令（常闭）	
45	10XAV21AP004XB13	EXT38-2	DOC	2.4.3	13	给水泵汽轮机 1B 盘车电动机分闸命令	
46	10XAV21AP004XB14	EXT38-2	DOC	2.4.3	14	给水泵汽轮机 1B 润滑油压正常信号至盘车控制柜	
47	10LBC12AA408XB11	EXT38-2	DOC	2.4.1	2	开冷再热蒸汽去给水泵汽轮机B高压汽源疏水罐疏水阀指令	

E.25 DROP43/93 控制站严重故障应急处置预案

E.25.1 故障现象

E.25.1.1 运行检查

1）电气总貌画面上（画面编号 3800）相关电流、电压等参数显示坏质量或者"T"字样，运行人员无法监视这些参数，无法对 500kV 断路器和发电机出口断路器状态进行监视，无法对相关隔离开关进行操作和监视。

2）发电机 GCB 及励磁系统画面上（画面编号 3801）相关电流、电压等参数显示坏质量或者"T"字样，运行人员无法监视这些参数，无法对同期选择进行操作，无法监视励磁系统、AVC 装置等。

3）发电机、主变压器、高压厂用变压器保护显示画面上（画面编号 3810、3811、3812、3813）无法正常显示保护动作信息。

4）系统状态画面中 DROP43 和 DROP93 图符颜色均显示不正常，出现"灰色"（表示控制器失电或离线）、"橘黄色"（表示控制器故障）、"紫色"（表示需运行人员关注）。

E.25.1.2 热控检查

1）查看系统状态画面和故障控制器状态画面中的具体错误信息和故障代码。

2）至相应控制柜查看故障控制器的电源状态。

3）至相应控制柜查看故障控制器的显示灯状态。

4）至相应控制柜查看故障控制器的网络连接情况。

E.25.2 故障原因

1）DROP43 和 DROP93 控制柜电源失去。

2）DROP43 和 DROP93 一对控制器电源失去。

3）DROP43 和 DROP93 一对控制器软硬件故障。

4）DROP43 和 DROP93 一对控制器失去网络连接。

E.25.3 故障后果

1）若 DROP43 和 DROP93 控制站故障，则发动机—变压器组系统的相关电流、电压等参数失去监视，500kV 断路器、GCB 失去状态监视，相关隔离开关无法进行远程操作和监视。

2）若 DROP43 和 DROP93 控制站故障，发电机—变压器组保护动作失去显示。

3）若 DROP43 和 DROP93 控制站故障，则发电机励磁系统失去和 ECS 的连接。

E.25.4 故障处理

E.25.4.1 运行处理

1）值长立即汇报调度，申请机组退出 AGC 控制、一次调频和 AVC 控制。通知热控人员检查，并要求操作员严禁在 DCS 上进行励磁调节。

2）至就地调整励磁系统控制方式，由"REMOTE"切至"LOCAL"控制，加强现场控制器上相关参数的监视，确保励磁系统工作正常。同时，加强检查各继电保护屏是否有异常报警，监盘人员还可通过控制台上 NCS 画面监视相关 500kV 断路器、GCB 状态以及报警信息。

E.25.4.2 维护处理

对故障控制器的处理详见"B.2 控制器故障诊断与处理流程图"及相关操作卡。

E.25.5 重要输出信号列表

DROP43/93 控制器主要涉及机组发电机—变压器组，包括发电机电流、电压等参数监视，发电机、主变压器及高压厂用变压器保护动作显示，500kV 断路器、GCB 及相关隔离开关，励磁系统，同步装置，AVC 接口，PSS 接口等，其重要输出信号见表 E.23。

表 E.23　DROP43/93 控制器重要输出信号列表

序号	信号编码	机柜号	模件类型	模件位置	通道	信号描述	备注
1	10MKC01EA001XB11	EXT43-2	DOC	2.3.4	1	1 号发电机励磁系统投入命令	
2	10MKC01EA001XB12	EXT43-2	DOC	2.3.4	2	1 号发电机励磁系统退出命令	

表 E.23（续）

序号	信号编码	机柜号	模件类型	模件位置	通道	信号描述	备注
3	10MKC01EA001XB13	EXT43-2	DOC	2.3.4	3	1号发电机升压命令	
4	10MKC01EA001XB14	EXT43-2	DOC	2.3.4	4	1号发电机降压命令	
5	10MKC01EA001XB15	EXT43-2	DOC	2.3.4	5	1号发电机励磁系统选择自动方式命令	
6	10MKC01EA001XB16	EXT43-2	DOC	2.3.4	6	1号发电机励磁系统选择手动方式命令	
7	10MKC01EA001XB17	EXT43-2	DOC	2.3.4	7	1号发电机励磁系统叠加控制投入命令	
8	10MKC01EA001XB18	EXT43-2	DOC	2.3.4	8	1号发电机励磁系统叠加控制退出命令	
9	10MKC01EA001XB19	EXT43-2	DOC	2.3.4	9	1号发电机励磁系统预选恒功率因素投入命令	
10	10MKC01EA001XB20	EXT43-2	DOC	2.3.4	10	1号发电机励磁系统预选恒无功投入命令	
11	10MKC01EA001XB21	EXT43-2	DOC	2.3.4	11	1号发电机 PSS 投入命令	
12	10MKC01EA001XB22	EXT43-2	DOC	2.3.4	12	1号发电机 PSS 退出命令	
13	10MKC01EA001XB23	EXT43-2	DOC	2.3.4	13	1号发电机磁场断路器投入命令	
14	10MKC01EA001XB24	EXT43-2	DOC	2.3.4	14	1号发电机磁场断路器退出命令	
15	10MKC01EA001XB25	EXT43-2	DOC	2.4.4	1	1号发电机励磁系统综合故障	
16	10SYN-DO-1	EXT43-2	DOX	2.3.1	9	1号发电机启动同期命令	
17	10SYN-DO-2	EXT43-2	DOX	2.3.1	10	1号发电机自动同期装置复归命令	
18	10SYN-DO-3	EXT43-2	DOX	2.3.1	11	1号发电机手动同步表复归命令	
19	10SYN-DO-4	EXT43-2	DOX	2.3.2	1	1号发电机选择同期装置带电（确认合闸）	
20	10BAC01GS010XB12	EXT43-2	DOX	2.3.2	7	1号发电机出口断路器跳闸命令	
21	10BAC01GS240XB11	EXT43-2	DOX	2.3.3	1	1号发电机出口断路器主变压器侧隔离开关合闸命令	
22	10BAC01GS240XB12	EXT43-2	DOX	2.3.3	2	1号发电机出口断路器主变压器侧隔离开关跳闸命令	
23	10BAC01GS240XB21	EXT43-2	DOX	2.3.3	3	1号发电机出口断路器主变压器侧隔离开关允许合闸命令	
24	10BAC01GS247XB11	EXT43-2	DOX	2.3.3	4	1号发电机出口断路器主变压器侧接地开关合闸命令	
25	10BAC01GS247XB12	EXT43-2	DOX	2.3.3	5	1号发电机出口断路器主变压器侧接地开关跳闸命令	
26	10BAC01GS248XB11	EXT43-2	DOX	2.3.3	7	1号发电机出口断路器发电机侧接地开关合闸命令	
27	10BAC01GS248XB12	EXT43-2	DOX	2.3.3	8	1号发电机出口断路器发电机侧接地开关跳闸命令	
28	10AVC00-DO-1	EXT43-2	DOC	2.4.4	6	DCS 投入 AVC 指令	
29	10AVC00-DO-2	EXT43-2	DOC	2.4.4	7	DCS 退出 AVC 指令	
30	10AVC00-DO-8	EXT43-2	DOC	2.4.4	13	AVR 自动	
31	10BAC10HLD01A	EXT43-2	DOC	2.4.1	6	1号机组发电机带厂用电运行信号	
32	10BAC10SYN01A	EXT43-2	DOC	2.4.3	1	1号机组发电机并网信号	
33	10BAC10HLD01B	EXT43-2	DOC	2.4.1	7	1号机组发电机带厂用电运行信号	
34	10BAC10SYN01B	EXT43-2	DOC	2.4.3	2	1号机组发电机并网信号	

表 E.23（续）

序号	信号编码	机柜号	模件类型	模件位置	通道	信 号 描 述	备注
35	10BAC10HLD01C	EXT43-2	DOC	2.4.1	8	1号机组发电机带厂用电运行信号	
36	10BAC10SYN01C	EXT43-2	DOC	2.4.3	3	1号机组发电机并网信号	
37	10DEH-DO-01	EXT43-2	DOC	2.4.3	4	励磁机禁止	至 DEH
38	10DEH-DO-02	EXT43-2	DOC	2.4.3	5	1号机组发电机同期装置运行	至 DEH
39	10DEH-DO-03	EXT43-2	DOC	2.4.3	6	1号机组发电机同步系统禁止（同期装置报警）	至 DEH
40	10DEH-DO-04	EXT43-2	DOC	2.4.3	7	1号机组励磁系统自动方式	至 DEH
41	10DEH-DO-05	EXT43-2	DOC	2.4.3	8	1号机组励磁系统故障	至 DEH
42	10DEH-DO-06	EXT43-2	DOC	2.4.3	9	1号机组励磁系统投入	至 DEH
43	10DEH-DO-07	EXT43-2	DOC	2.4.3	10	1号机组发电机同期合闸断路器未被预选择	至 DEH
44	10DEH-DO-08	EXT43-2	DOC	2.4.3	11	1号机组励磁系统退出	至 DEH

E.26 DROP08/58 控制站严重故障应急处置预案

E.26.1 故障现象

E.26.1.1 运行检查

1）汽轮机热应力监控画面上（画面编号 2403）高压缸、中压缸、低压缸各温度测点等显示坏质量或者"T"字样。

2）汽轮机热应力裕度画面上（画面编号 2407）汽轮机的热应力裕度计算值显示坏质量或者"T"字样。

3）汽轮机轴承监测画面上（画面编号 2405）各轴承振动、温度参数显示坏质量或者"T"字样。

4）系统状态画面中 DROP08 和 DROP58 图符颜色均显示不正常，出现"灰色"（表示控制器失电或离线）、"橘黄色"（表示控制器故障）、"紫色"（表示需运行人员关注）。

5）系统状态画面中 DROP08 或者 DROP58 图符颜色为"红色"（表示控制器报警），或者控制器电源监视画面中 DROP08/58 一路电源故障。

E.26.1.2 热控检查

1）查看系统状态画面和故障控制器状态画面中的具体错误信息和故障代码。

2）至相应控制柜查看故障控制器的电源状态。

3）至相应控制柜查看故障控制器的显示灯状态。

4）至相应控制柜查看故障控制器的网络连接情况。

E.26.2 故障原因

1）DROP08 和 DROP58 控制柜电源失去。

2）DROP08 和 DROP58 一对控制器电源失去。

3）DROP08 和 DROP58 一对控制器软硬件故障。

4）DROP08 和 DROP58 一对控制器失去网络连接。

5）DROP08 和 DROP58 单个控制器故障、单路电源失去、单个控制器的一路网络失去连接。

E.26.3 故障后果

1）若 DROP08 和 DROP58 控制柜失电，DCS 其他控制器均工作正常，则汽轮机缸体温度、汽轮机轴承温度、偏心、低压缸缸胀和 DEH 系统内轴承振动等参数失去监视，用于汽轮机负荷控制的应力计算失去作用，汽轮机退回 TM 控制方式。

2）若 DROP08 和 DROP58 控制站故障，DCS 其他控制器均工作正常，则汽轮机缸体温度、汽轮机轴承温度、偏心、低压缸缸胀和 DEH 系统内轴承振动等参数失去监视，用于汽轮机负荷控制的应力计算失去作用，汽轮机退回 TM 控制方式。

3）若 DROP08 和 DROP58 失去网络连接，DCS 其他控制器均工作正常，则汽轮机控制画面上关于汽轮机缸体温度、汽轮机轴承温度、偏心、低压缸缸胀和 DEH 系统内轴承振动等参数失去监视。

4）由于控制器和电源都是冗余布置，故单个控制器故障或单路电源故障不影响机组正常运行，但运行人员应加强监视，并做好控制器全部故障或者电源全部失去的事故预想。

E.26.4 故障处理

E.26.4.1 运行处理

1）检查汽轮机阀门是否全部关闭、汽轮机负荷是否快速下降、锅炉侧过热蒸汽出口压力是否快速上升，如果发现上述现象，运行人员应按下操作盘上的手动遮断按钮，然后按照紧急停机事故预案进行设备的检查和停运。

2）值长立即汇报调度，申请退出机组 AGC 控制和一次调频。通知热控人员检查，并要求操作员尽量减少操作，维持机组稳定。

3）运行人员应密切观察机组负荷变化情况，观察主蒸汽温度、主蒸汽压力的变化情况，在汽轮机控制画面上（画面编号 2401）密切观察汽轮机调节阀门开度变化情况。

E.26.4.2 维护处理

对故障控制器的处理详见"B.2 控制器故障诊断与处理流程图"及相关操作卡。

E.26.5 重要输出信号列表

DROP08/58 控制器重要输出信号见表 E.24。

表 E.24 DROP08/58 控制器重要输出信号列表

序号	信 号 编 码	机柜号	模件类型	模件位置	通道	信 号 描 述	备注
1	50CHA11DE001A-XV23	CTRL43/93	DO	1.1.5	1	请求同期	去电气
2	50CHA11DE001A-XV25	CTRL43/93	DO	1.1.5	2	减无功率至零	去电气
3	50MKC01DE103A-XT01	CTRL43/93	DO	1.1.5	3	请求 AVR 自动	去电气
4	50MKC01DE101A-XT01	CTRL43/93	DO	1.1.5	4	激发励磁系统投入	去电气
5	50CHA11DE001A-XV26	CTRL43/93	DO	1.1.5	5	预选油开关	去电气
6	50MKC01DE101A-XT02	CTRL43/93	DO	1.1.5	6	请求励磁系统切除	去电气
7	50CHA11DE001A-XV27	CTRL43/93	DO	1.1.5	7	复置油开关	去电气
8	50MKC01DE101-XS30	CTRL43/93	DO	1.1.5	8	请求 AVR 投入	去电气
9	50MKA05EE001-XS11	CTRL43/93	DO	1.1.5	12	启动发电机干燥器子回路	去电气
10	50CJA00EA001-XA03	CTRL43/93	DO	1.1.5	15	DEH 启动程序已执行	去 DCS
11	50CJA00EA001-XA04	CTRL43/93	DO	1.1.5	16	DEH 停机程序已执行	去 DCS

附 录 F
三级故障现场应急处置预案

F.1 部分操作员站失去监控应急处置预案

F.1.1 故障现象
F.1.1.1 运行检查

1）集控室内部分操作员站数据显示成黑屏，无任何过程画面。

2）集控室内部分操作员站死机，无法响应操作。

3）集控室内部分操作员站可以显示画面，但数据显示为超时，无法更新。

F.1.1.2 热控检查

1）确认剩余操作员站工作正常，将操作任务转移到正常的操作站上。

2）通过系统状态画面，查看故障操作员站的状态。如果状态正常，则说明显示器问题；如果状态不正常，而且多台操作员站同时出现故障，则检查优先检查连接这些故障操作员站交换机状态。然后，检查操作站的供电和网络状态，如果都正常，则重新启动操作员站；如果操作员站仍未恢复，则更换操作员站。

F.1.2 故障原因

1）操作员站电源失去，或者双路电源切换器故障。

2）操作员站的硬件故障，包括显示器、网线、网卡、显卡、内存、硬盘故障。

3）网络交换机的部分端口故障，端口指示灯显示为黄色或者熄灭。

F.1.3 故障后果

仅部分操作员站失去时，DCS 各控制器仍然保持正常工作，可以利用其他操作员站进行监视和操作。

F.1.4 故障处理
F.1.4.1 运行处理

1）运行人员利用正常的操作员站进行监视和操作。

2）立即通知热控人员检查。

F.1.4.2 维护处理

1）检查系统状态图和 Ovation 错误日志，查看故障操作员站的状态；如果多台操作员站同时故障，则按照交换机局部故障的处理预案检查相应的交换机，并处理交换机故障。

2）检查故障操作员站供电，如果是电源失去，则检查双路电源切换器和电源柜相应的开关；检查是否为双路电源切换器故障，或者短路/接地，然后更换双路电源切换器或者消除短路/接地点，重新启动操作站。

3）如果故障操作员站供电正常，则重新启动，看能否恢复正常；如果仍然无法正常启动，则依次检查：

a）是否为显示器故障；如果是，则恢复显示器供电，或者更换新的显示器。

b）检查网卡通信指示灯和相应的交换机端口，判断是否是网络通信故障；如果是，则检查网线是否正常；如果网线正常，则更换另一个可用的交换机端口（更换网络线缆前，对照网络连接图或者联系 Ovation 技术人员，确认新端口的连接类型已经被配置为连接操作站）。

c）如果电源和网络均正常，但故障操作站仍然无法正常启动，则更换一台备用操作站（备用操作站的安装方法，参考《Ovation 操作员站手册》）。

部分操作员站失去监控处理流程图如图 F.1 所示。

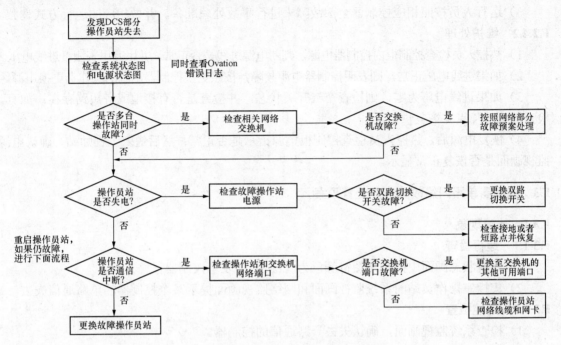

图 F.1　部分操作员站失去监控处理流程图

F.2　控制器单路电源失去应急处置预案

F.2.1　故障现象
F.2.1.1　运行检查
1）系统状态画面中控制器图符颜色为"红色"（表示控制器报警）。

2）集控室操作员站的电源监视画面提示某个控制器的单路电源失去。

F.2.1.2　热控检查
1）检查电源监视画面，确认失去一路电源的控制器。

2）检查对应电源的进线电压；如果进线电压正常，则表明控制器电源故障，否则检查进线开关。

F.2.2　故障原因
1）控制器单路电源故障。

2）进线开关故障。

F.2.3　故障后果
1）单路电源失去时，控制器仍然保持正常工作，操作员站可以正常监视和操作。

2）在处理故障控制器时，可能会导致一对控制器全部故障，引起一级或者二级故障。

F.2.4　故障处理

F.2.4.1　运行处理

1）运行人员加强监视。

2）立即通知热控人员检查。

3）运行人员按照相应控制器全部故障来进行事故处理准备，并做相应的运行方式调整。

F.2.4.2　维护处理

1）热控人员检查控制柜内控制器电源，判断电源进线是否正常，并用万用表测量进线电压。

2）如果进线电压正常，则表明控制器电源故障，按照更换控制器电源的操作卡更换电源。

3）如果进线电压为零，则检查空气开关状态，并检查是否有接地或者短路存在；如有，检查消除故障点并恢复供电。

4）恢复电源后，热控人员检查控制柜电源指示是否正常；然后进入工程师站，确认电源监视画面是否恢复正常显示。

F.3　控制器单路网络故障应急处置预案

F.3.1　故障现象

F.3.1.1　运行检查

1）系统状态画面中控制器图符颜色为"红色"（表示控制器报警）。

2）集控室操作员站的系统监视画面和网络监视画面提示某个控制器的单路通信失去。

F.3.1.2　热控检查

1）检查系统监视画面，确认失去一路通信的控制器。

2）检查对应交换机的端口指示灯，确认其熄灭或者黄色闪烁。

F.3.2　故障原因

1）交换机端口故障。

2）控制器单路网络端口故障。

3）网络线缆故障。

F.3.3　故障后果

1）单路网络通信失去时，控制器仍然保持正常工作，操作员站可以正常监视和操作。

2）在处理故障控制器时，可能会导致一对控制器全部故障，引起一级或者二级故障。

F.3.4　故障处理

F.3.4.1　运行处理

1）运行人员加强监视。

2）立即通知热控人员检查。

3）在处理控制器的某些网络故障时，可能会导致一对控制器全部故障，引起一级或者二级故障。

F.3.4.2　维护处理

1）热控人员首先检查系统错误日志，寻找故障原因。

2）热控人员检查对应交换机端口，看更换同一交换机的可用端口后，通信是否恢复正常。

3）如果更换交换机端口后通信仍然异常，则更换网络线缆，看通信是否恢复正常。

4）如果更换交换机端口和线缆后通信仍然异常，则表明控制器网络端口故障，择机按照更换控制器的操作卡更换控制器处理模块。

5）通信恢复后，热控人员检查确认网络监视画面指示正常。

F.4　控制器失去冗余应急处置预案

F.4.1　故障现象
F.4.1.1　运行检查

系统状态画面中控制器图符颜色显示不正常，出现"灰色"（表示控制器失电或离线）、"橘黄色"（表示控制器故障）、"紫色"（表示需运行人员关注）。

F.4.1.2　热控检查

1）检查系统状态画面，确认失去冗余的控制器。

2）检查对应交换机的端口指示灯，确认其熄灭或者黄色闪烁。

F.4.2　故障原因

1）单个控制器故障。

2）单个控制器电源故障。

3）单个控制器网络故障。

F.4.3　故障后果

1）单个控制器失去时，与其冗余的另一控制器仍然保持正常工作，操作员站可以正常监视和操作。

2）在处理故障控制器时，可能会导致一对控制器全部故障，引起一级或者二级故障。

F.4.4　故障处理
F.4.4.1　运行处理

1）运行人员加强监视。

2）立即通知热控人员检查。

3）运行人员按照相应控制器全部故障来进行事故处理准备，并作相应的运行方式调整。

F.4.4.2　维护处理

1）热控人员首先检查系统错误日志，寻找故障原因。

2）检查故障控制器的 LED 指示灯，确认其供电正常。

3）重新启动故障控制器，看其是否能够恢复为备用状态。

4）如果无法恢复为备用状态，按照更换控制器的操作卡更换控制器处理模块。

5）故障恢复后，热控人员检查确认系统监视画面指示正常。

F.5　DROP23/73 控制站严重故障应急处置预案

F.5.1　故障现象
F.5.1.1　运行检查

1）锅炉吹灰画面上（画面编号 3060、3061）部分参数显示坏质量或者"T"字样，运行人员无法监视这些参数，无法对锅炉吹灰系统进行操作。

2）系统状态画面中 DROP23 和 DROP73 图符颜色均显示不正常，出现"灰色"（表示控制器失电或离线）、"橘黄色"（表示控制器故障）、"紫色"（表示需运行人员关注）。

F.5.1.2　热控检查

1）查看系统状态画面和故障控制器状态画面中的具体错误信息和故障代码。

2）至相应控制柜和远程柜查看故障控制器的电源状态。

3）至相应控制柜和远程柜查看故障控制器的显示灯状态。

4）至相应控制柜和远程柜查看故障控制器的网络连接情况。

F.5.2　故障原因

1）DROP23 和 DROP73 控制柜电源失去。

2）DROP23 和 DROP73 一对控制器电源失去。

3）DROP23 和 DROP73 一对控制器软硬件故障。

4）DROP23 和 DROP73 一对控制器失去网络连接。

5）DROP23 和 DROP73 的远程柜失去电源或失去网络连接。

F.5.3　故障后果

1）DROP23 和 DROP73 控制站或者远程柜故障，则无法监视和操作锅炉吹灰系统。

2）DROP23 和 DROP73 控制站故障，则无法监视和操作锅炉捞渣系统。

F.5.4　故障处理

F.5.4.1　运行处理

1）值长通知热控人员检查，以尽快恢复故障控制站。

2）如吹灰器正在工作，则就地手动退出吹灰器。

F.5.4.2　维护处理

对故障控制器的处理详见"B.2　控制器故障诊断与处理流程图"及相关操作卡。

F.5.5　重要输出信号列表

DROP23/73 控制器主要涉及配电柜电源监视、捞渣机、水力吹灰、脱硫接口等锅炉外围设备，还包括锅炉吹灰的远程站，其重要输出信号见表 F.1。

表 F.1　DROP23/73 控制器重要输出信号列表

序号	信号编码	机柜号	模件类型	模件位置	通道	信号描述	备注
1	10ETA10AF010XB11	CTRL23	DOC	1.4.2	11	捞渣机启动命令	
2	10ETA10AF010XB12	CTRL23	DOC	1.4.2	12	捞渣机停止命令	
3	10ETA10AF010XQ11	CTRL23	AO	1.1.3	4	捞渣机调速信号	
4	10HCC03AP001XB11	CTRL23	DOX	1.4.1	1	水枪除渣用水泵 1A 合闸命令	
5	10HCC03AP001XB12	CTRL23	DOX	1.4.1	2	水枪除渣用水泵 1A 分闸命令	
6	10HCC03AP002XB11	CTRL23	DOX	1.4.1	3	水枪除渣用水泵 1B 合闸命令	
7	10HCC03AP002XB12	CTRL23	DOX	1.4.1	4	水枪除渣用水泵 1B 分闸命令	
8	10CJF00EA001XG15	CTRL23	DOC	1.4.2	3	MFT1	至脱硫
9	10CJF00EA001XG25	CTRL23	DOC	1.4.2	4	MFT2	至脱硫
10	10CJF00EA001XG35	CTRL23	DOC	1.4.2	5	MFT3	至脱硫
11	10CJF00CJ001XQ01	CTRL23	AO	1.1.3	1	锅炉负荷	至脱硫
12	10HDE00AW000XB01	CTRL23	DOC	1.4.2	6	电除尘器所有区域已开	至脱硫
13	10HJA00AV000XB01	CTRL23	DOC	1.4.2	7	锅炉油枪投运	至脱硫
14	10HNA00CP001XQ01	CTRL23	AO	1.1.3	2	烟道压力	至脱硫
15	10HHC00CP001XQ01	CTRL23	AO	1.1.3	3	炉膛压力	至脱硫

F.6　DROP41/91 控制站严重故障应急处置预案

F.6.1　故障现象
F.6.1.1　运行检查
1）电气总貌画面上（画面编号 3800）6kV 厂用电 A 段电流、电压等参数显示坏质量或者"T"字样，运行人员无法监视这些参数，无法对 6kV 厂用电 A 段工作进线和备用进线断路器进行操作和监视。

2）6kV 厂用电系统画面上（画面编号 3802、3803）6kV 厂用电 A 段相关的电流、电压等参数显示坏质量或者"T"字样，运行人员无法监视这些参数，无法对相关断路器进行操作和监视。

3）400V 保安电源系统画面上（画面编号 3804）保安 A 段相关的电流、电压等参数显示坏质量或者"T"字样，运行人员无法监视这些参数，无法对保安 A 段相关断路器进行操作和监视。

4）UPS 系统画面上（画面编号 3805）UPS A 段相关的电流、电压等参数显示坏质量或者"T"字样，运行人员无法监视这些参数。

5）220V 直流和 110V 直流画面上（画面编号 3806、3807）直流系统相关电流、电压等参数显示坏质量或者"T"字样，运行人员无法监视这些参数。

6）系统状态画面中 DROP41 和 DROP91 图符颜色均显示不正常，出现"灰色"（表示控制器失电或离线）、"橘黄色"（表示控制器故障）、"紫色"（表示需运行人员关注）。

F.6.1.2　热控检查
1）查看系统状态画面和故障控制器状态画面中的具体错误信息和故障代码。

2）至相应控制柜查看故障控制器的电源状态。

3）至相应控制柜查看故障控制器的显示灯状态。

4）至相应控制柜查看故障控制器的网络连接情况。

F.6.2　故障原因
1）DROP41 和 DROP91 控制柜电源失去。

2）DROP41 和 DROP91 一对控制器电源失去。

3）DROP41 和 DROP91 一对控制器软硬件故障。

4）DROP41 和 DROP91 一对控制器失去网络连接。

F.6.3　故障后果
1）若 DROP41 和 DROP91 控制站故障，则 6kV 厂用电 A 段相关的电流、电压等参数失去监视，6kV 厂用电 A 段相关的断路器无法进行远程操作和监视。

2）若 DROP41 和 DROP91 控制站故障，则 400V 保安电源 A 段相关的电流、电压等参数失去监视，保安电源 A 段相关的断路器无法进行远程操作和监视。

3）若 DROP41 和 DROP91 控制站故障，则 UPS 系统 A 段相关的电流、电压等参数失去监视。

4）若 DROP41 和 DROP91 控制站故障，则 220V 直流和 110V 直流系统相关的电流、电压等参数失去监视。

F.6.4　故障处理
F.6.4.1　运行处理
1）值长立即汇报调度，申请机组退出 AGC 控制和一次调频。通知热控人员检查，并要求操作员尽量减少操作，维持机组稳定。

2）运行人员将 6kV 厂用电 A 段的相关断路器切至就地方式。

3）运行人员将 400V 保安电源 A 段的相关断路器切至就地方式。

4）运行人员加强现场开关室内设备表计监视及保护装置报警情况的检查。

F.6.4.2 维护处理

对故障控制器的处理详见"B.2 控制器故障诊断与处理流程图"及相关操作卡。

F.6.5 重要输出信号列表

DROP41/91 控制器主要涉及 6kV 厂用电 A 侧、保安 A 段、UPS 及直流 A 侧、柴油发电机等，其重要输出信号见表 F.2。

表 F.2 DROP41/91 控制器重要输出信号列表

序号	信号编码	机柜号	模件类型	模件位置	通道	信 号 描 述	备注
1	10BBT01GS002XB11	EXT41-2	DOX	2.3.1	6	6kV 1A1 段工作进线断路器合闸命令	
2	10BBT01GS002XB12	EXT41-2	DOX	2.3.1	7	6kV 1A1 段工作进线断路器跳闸命令	
3	10BBT01GS003XB11	EXT41-2	DOX	2.3.2	6	6kV 1A2 段工作进线断路器合闸命令	
4	10BBT01GS003XB12	EXT41-2	DOX	2.3.2	7	6kV 1A2 段工作进线断路器跳闸命令	
5	10BFA01GS001XB11	EXT41-2	DOX	2.3.3	9	1 号机组汽轮机 PC A 段及 B 段母联断路器合闸命令	
6	10BFA01GS001XB12	EXT41-2	DOX	2.3.3	10	1 号机组汽轮机 PC A 段及 B 段母联断路器分闸命令	
7	10BFB01GS001XB11	EXT41-2	DOX	2.4.4	11	1 号机组锅炉 PC A 段及 B 段母联断路器合闸命令	
8	10BFB01GS001XB12	EXT41-2	DOX	2.4.4	12	1 号机组锅炉 PC A 段及 B 段母联断路器分闸命令	
9	10BFC01GH701XB11	EXT41-2	DOX	2.4.2	7	1 号机组保安 PC A 段柴油机进线断路器合闸命令	
10	10BFC01GH701XB12	EXT41-2	DOX	2.4.2	8	1 号机组保安 PC A 段柴油机进线断路器分闸命令	
11	10BFC01GS001XB11	EXT41-2	DOX	2.4.2	1	1 号机组保安 PC A 段及 B 段母联断路器合闸命令	
12	10BFC01GS001XB12	EXT41-2	DOX	2.4.2	2	1 号机组保安 PC A 段及 B 段母联断路器分闸命令	
13	10BFD01GS001XB11	EXT41-2	DOX	2.4.1	1	1 号机组电除尘器 PC A 段及 B 段母联断路器合闸命令	
14	10BFD01GS001XB12	EXT41-2	DOX	2.4.1	2	1 号机组电除尘器 PC A 段及 B 段母联断路器分闸命令	
15	10BFP01GS001XB11	EXT41-2	DOX	2.3.1	10	1 号机组汽轮机变压器 A 6kV 侧断路器合闸命令	
16	10BFP01GS001XB12	EXT41-2	DOX	2.3.1	11	1 号机组汽轮机变压器 A 6kV 侧断路器分闸命令	
17	10BFP01GS002XB11	EXT41-2	DOX	2.3.3	7	1 号机组汽轮机变压器 A 380V 侧断路器合闸命令	
18	10BFP01GS002XB12	EXT41-2	DOX	2.3.3	8	1 号机组汽轮机变压器 A 380V 侧断路器分闸命令	
19	10BFQ01GS001XB11	EXT41-2	DOX	2.3.2	10	1 号机组锅炉变压器 A 6kV 侧断路器合闸命令	
20	10BFQ01GS001XB12	EXT41-2	DOX	2.3.2	11	1 号机组锅炉变压器 A 6kV 侧断路器分闸命令	
21	10BFQ01GS002XB11	EXT41-2	DOX	2.4.4	9	1 号机组锅炉变压器 A 380V 侧断路器合闸命令	
22	10BFQ01GS002XB12	EXT41-2	DOX	2.4.4	10	1 号机组锅炉变压器 A 380V 侧断路器分闸命令	
23	10BFR01GS001XB11	EXT41-2	DOX	2.3.3	3	1 号机组保安变压器 A 6kV 侧断路器合闸命令	
24	10BFR01GS001XB12	EXT41-2	DOX	2.3.3	4	1 号机组保安变压器 A 6kV 侧断路器分闸命令	
25	10BFR01GS002XB11	EXT41-2	DOX	2.4.3	9	1 号机组保安变压器 A 380V 侧断路器合闸命令	
26	10BFR01GS002XB12	EXT41-2	DOX	2.4.3	10	1 号机组保安变压器 A 380V 侧断路器分闸命令	

表 F.2（续）

序号	信号编码	机柜号	模件类型	模件位置	通道	信 号 描 述	备注
27	10BFS01GS001XB11	EXT41-2	DOX	2.3.3	1	1 号机组电除尘器变压器 A 6kV 侧断路器合闸命令	
28	10BFS01GS001XB12	EXT41-2	DOX	2.3.3	2	1 号机组电除尘器变压器 A 6kV 侧断路器分闸命令	
29	10BFS01GS002XB11	EXT41-2	DOX	2.4.2	9	1 号机组电除尘器变压器 A 380V 侧断路器合闸命令	
30	10BFS01GS002XB12	EXT41-2	DOX	2.4.2	10	1 号机组电除尘器变压器 A 380V 侧断路器分闸命令	
31	10BFS02GS001XB11	EXT41-2	DOX	2.3.3	5	1 号机组电除尘器变压器 B 6kV 侧断路器合闸命令	
32	10BFS02GS001XB12	EXT41-2	DOX	2.3.3	6	1 号机组电除尘器变压器 B 6kV 侧断路器分闸命令	
33	10BFS02GS002XB11	EXT41-2	DOX	2.4.1	3	1 号机组电除尘器变压器 B 380V 侧断路器合闸命令	
34	10BFS02GS002XB12	EXT41-2	DOX	2.4.1	4	1 号机组电除尘器变压器 B 380V 侧断路器分闸命令	
35	10BJA01GS001XB11	EXT41-2	DOX	2.4.4	1	1 号机组汽轮机 MCC A 段电源断路器合闸命令	
36	10BJA01GS001XB12	EXT41-2	DOX	2.4.4	2	1 号机组汽轮机 MCC A 段电源断路器分闸命令	
37	10BJB01GS001XB11	EXT41-2	DOX	2.4.3	1	1 号机组锅炉 MCC A 段电源断路器合闸命令	
38	10BJB01GS001XB12	EXT41-2	DOX	2.4.3	2	1 号机组锅炉 MCC A 段电源断路器分闸命令	
39	10BJD01GS001XB11	EXT41-2	DOX	2.4.4	3	1 号机组汽机房暖通 MCC 电源 1 断路器合闸命令	
40	10BJD01GS001XB12	EXT41-2	DOX	2.4.4	4	1 号机组汽机房暖通 MCC 电源 1 断路器分闸命令	
41	10BJE01GS001XB11	EXT41-2	DOX	2.4.3	3	1 号锅炉脱硝 MCC 电源 1 断路器合闸命令	
42	10BJE01GS001XB12	EXT41-2	DOX	2.4.3	4	1 号锅炉脱硝 MCC 电源 1 断路器分闸命令	
43	10CBQ11CE001XB14	EXT41-2	DOX	2.3.1	1	6kV 1A1 段手动启动切换命令	
44	10CBQ11CE001XB17	EXT41-2	DOX	2.3.1	4	6kV 1A1 段切换装置复归命令	
45	10CBQ11CE001XB18	EXT41-2	DOX	2.3.1	5	6kV 1A1 段允许慢速切换	
46	10CBQ12CE001XB14	EXT41-2	DOX	2.3.2	1	6kV 1A2 段手动启动切换命令	
47	10CBQ12CE001XB17	EXT41-2	DOX	2.3.2	4	6kV 1A2 段切换装置复归命令	
48	10CBQ12CE001XB18	EXT41-2	DOX	2.3.2	5	6kV 1A2 段允许慢速切换	
49	10XKA01XB111	EXT41-2	DOX	2.4.1	5	柴油发电机保安 A 段处于检修状态	
50	10XKA01XB112	EXT41-2	DOX	2.4.1	6	柴油发电机保安 B 段处于检修状态	
51	10XKA01XB113	EXT41-2	DOX	2.4.1	8	380V 保安 PC A 段工作进线恢复供电命令	
52	10XKA01XB114	EXT41-2	DOX	2.4.1	9	380V 保安 PC B 段工作线恢复供电命令	
53	10XKA01XB12	EXT41-2	DOX	2.4.1	7	柴油发电机手动停机命令	

F.7 DROP42/92 控制站严重故障应急处置预案

F.7.1 故障现象

F.7.1.1 运行检查

1）电气总貌画面上（画面编号 3800）6kV 厂用电 B 段电流、电压等参数显示坏质量或者"T"字样，运行人员无法监视这些参数，无法对 6kV 厂用电 B 段工作进线和备用进线断路器进行操作和监视。

2）6kV 厂用电系统画面上（画面编号 3802、3803）6kV 厂用电 B 段相关的电流、电压等参数显示坏质量或者"T"字样，运行人员无法监视这些参数，无法对相关断路器进行操作和监视。

3）400V 保安电源系统画面上（画面编号 3804）保安 B 段相关的电流、电压等参数显示坏质量或者"T"字样，运行人员无法监视这些参数，无法对保安 B 段相关断路器进行操作和监视。

4）UPS 系统画面上（画面编号 3805）UPS B 段相关的电流、电压等参数显示坏质量或者"T"字样，运行人员无法监视这些参数。

5）220V 直流和 110V 直流画面上（画面编号 3806、3807）直流系统相关电流、电压等参数显示坏质量或者"T"字样，运行人员无法监视这些参数。

6）系统状态画面中 DROP42 和 DROP92 图符颜色均显示不正常，出现"灰色"（表示控制器失电或离线）、"橘黄色"（表示控制器故障）、"紫色"（表示需运行人员关注）。

F.7.1.2　热控检查

1）查看系统状态画面和故障控制器状态画面中的具体错误信息和故障代码。

2）至相应控制柜查看故障控制器的电源状态。

3）至相应控制柜查看故障控制器的显示灯状态。

4）至相应控制柜查看故障控制器的网络连接情况。

F.7.2　故障原因

1）DROP42 和 DROP92 控制柜电源失去。

2）DROP42 和 DROP92 一对控制器电源失去。

3）DROP42 和 DROP92 一对控制器软硬件故障。

4）DROP42 和 DROP92 一对控制器失去网络连接。

F.7.3　故障后果

1）若 DROP42 和 DROP92 控制站故障，则 6kV 厂用电 B 段相关的电流、电压等参数失去监视，6kV 厂用电 B 段相关的断路器无法进行远程操作和监视。

2）若 DROP42 和 DROP92 控制站故障，则 400V 保安电源 B 段相关的电流、电压等参数失去监视，保安电源 B 段相关的断路器无法进行远程操作和监视。

3）若 DROP42 和 DROP92 控制站故障，则 UPS 系统 B 段相关的电流、电压等参数失去监视。

4）若 DROP42 和 DROP92 控制站故障，则 220V 直流和 110V 直流系统相关的电流、电压等参数失去监视。

F.7.4　故障处理

F.7.4.1　运行处理

1）值长立即汇报调度，申请机组退出 AGC 控制和一次调频。通知热控人员检查，并要求操作员尽量减少操作，维持机组稳定。

2）运行人员将 6kV 厂用电 B 段的相关断路器切至就地方式。

3）运行人员将 400V 保安电源 B 段的相关断路器切至就地方式。

4）运行人员加强现场开关室内设备表计监视及保护装置报警情况的检查。

F.7.4.2　维护处理

对故障控制器的处理详见"B.2 控制器故障诊断与处理流程图"及相关操作卡。

F.7.5 重要输出信号列表

DROP42/92 控制器主要涉及 6kV 厂用电 B 侧、保安 B 段、UPS 及直流 B 侧等，其重要输出信号见表 F.3。

表 F.3 DROP42/92 控制器重要输出信号列表

序号	信号编码	机柜号	模件类型	模件位置	通道	信 号 描 述	备注
1	10CBQ21CE001XB15	EXT42-2	DOX	2.3.1	2	6kV 1B1 段切换装置选择串联切换命令	
2	10CBQ21CE001XB16	EXT42-2	DOX	2.3.1	3	6kV 1B1 段切换装置出口闭锁命令	
3	10BBT02GS002XB11	EXT42-2	DOX	2.3.1	6	6kV 1B1 段工作进线断路器合闸命令	
4	10BBT02GS002XB12	EXT42-2	DOX	2.3.1	7	6kV 1B1 段工作进线断路器跳闸命令	
5	10BBT02GS003XB11	EXT42-2	DOX	2.3.2	6	6kV 1B2 段工作进线断路器合闸命令	
6	10BBT02GS003XB12	EXT42-2	DOX	2.3.2	7	6kV 1B2 段工作进线断路器跳闸命令	
7	10CBQ22CE001XB15	EXT42-2	DOX	2.3.2	2	6kV 1B2 段切换装置选择串联切换命令	
8	10CBQ22CE001XB16	EXT42-2	DOX	2.3.2	3	6kV 1B2 段切换装置出口闭锁命令	
9	10BFC02GS002XB11	EXT42-2	DOX	2.4.1	9	1 号机组保安 PC B 段柴油机进线断路器合闸命令	
10	10BFC02GS002XB12	EXT42-2	DOX	2.4.1	10	1 号机组保安 PC B 段柴油机进线断路器分闸命令	
11	10BFD03GS001XB11	EXT42-2	DOX	2.4.1	5	1 号机组电除尘器 PC C 段及 D 段母联断路器合闸命令	
12	10BFD03GS001XB12	EXT42-2	DOX	2.4.1	6	1 号机组电除尘器 PC C 段及 D 段母联断路器分闸命令	
13	10BFP02GS001XB11	EXT42-2	DOX	2.3.1	10	1 号机组汽轮机变压器 B 6kV 侧断路器合闸命令	
14	10BFP02GS001XB12	EXT42-2	DOX	2.3.1	11	1 号机组汽轮机变压器 B 6kV 侧断路器分闸命令	
15	10BFP02GS002XB11	EXT42-2	DOX	2.3.3	7	1 号机组汽轮机变压器 B 380V 侧断路器合闸命令	
16	10BFP02GS002XB12	EXT42-2	DOX	2.3.3	8	1 号机组汽轮机变压器 B 380V 侧断路器分闸命令	
17	10BFQ02GS001XB11	EXT42-2	DOX	2.3.2	10	1 号机组锅炉变压器 B 6kV 侧断路器合闸命令	
18	10BFQ02GS001XB12	EXT42-2	DOX	2.3.2	11	1 号机组锅炉变压器 B 6kV 侧断路器分闸命令	
19	10BFQ02GS002XB11	EXT42-2	DOX	2.4.3	5	1 号机组锅炉变压器 B 380V 侧断路器合闸命令	
20	10BFQ02GS002XB12	EXT42-2	DOX	2.4.3	6	1 号机锅炉变压器 B 380V 侧断路器分闸命令	
21	10BFR02GS001XB11	EXT42-2	DOX	2.3.3	3	1 号机保安变压器 B 6kV 侧断路器合闸命令	
22	10BFR02GS001XB12	EXT42-2	DOX	2.3.3	4	1 号机组保安变压器 B 6kV 侧断路器分闸命令	
23	10BFR02GS002XB11	EXT42-2	DOX	2.4.2	5	1 号机组保安变压器 B 380V 侧断路器合闸命令	
24	10BFR02GS002XB12	EXT42-2	DOX	2.4.2	6	1 号机组保安变压器 B 380V 侧断路器分闸命令	
25	10BFS03GS001XB11	EXT42-2	DOX	2.3.3	1	1 号机组电除尘变压器 C 6kV 侧断路器合闸命令	
26	10BFS03GS001XB12	EXT42-2	DOX	2.3.3	2	1 号机组电除尘变压器 C 6kV 侧断路器分闸命令	
27	10BFS03GS002XB11	EXT42-2	DOX	2.4.1	3	1 号机组电除尘变压器 C 380V 侧断路器合闸命令	
28	10BFS03GS002XB12	EXT42-2	DOX	2.4.1	4	1 号机组电除尘变压器 C 380V 侧断路器分闸命令	
29	10BFS04GS001XB11	EXT42-2	DOX	2.3.3	5	1 号机组电除尘变压器 D 6kV 侧断路器合闸命令	
30	10BFS04GS001XB12	EXT42-2	DOX	2.3.3	6	1 号机组电除尘变压器 D 6kV 侧断路器分闸命令	
31	10BFS04GS002XB11	EXT42-2	DOX	2.4.1	7	1 号机组电除尘变压器 D 380V 侧断路器合闸命令	

表 F.3（续）

序号	信号编码	机柜号	模件类型	模件位置	通道	信 号 描 述	备注
32	10BFS04GS002XB12	EXT42-2	DOX	2.4.1	8	1 号机组电除尘器变压器 D 380V 侧断路器分闸命令	
33	10BJA02GS001XB11	EXT42-2	DOX	2.3.3	9	1 号机组汽轮机 MCC B 段电源断路器合闸命令	
34	10BJA02GS001XB12	EXT42-2	DOX	2.3.3	10	1 号机组汽轮机 MCC B 段电源断路器分闸命令	
35	10BJB02GS001XB11	EXT42-2	DOX	2.4.3	7	1 号机组锅炉 MCC B 段电源断路器合闸命令	
36	10BJB02GS001XB12	EXT42-2	DOX	2.4.3	8	1 号机组锅炉 MCC B 段电源断路器分闸命令	
37	10BJD01GS002XB11	EXT42-2	DOX	2.4.3	1	1 号机组汽轮机房暖通 MCC 电源 2 断路器合闸命令	
38	10BJD01GS002XB12	EXT42-2	DOX	2.4.3	2	1 号机组汽机房暖通 MCC 电源 2 断路器分闸命令	
39	10BJE01GS002XB11	EXT42-2	DOX	2.4.3	9	1 号锅炉脱硝 MCC 电源 2 断路器合闸命令	
40	10BJE01GS002XB12	EXT42-2	DOX	2.4.3	10	1 号锅炉脱硝 MCC 电源 2 断路器分闸命令	
41	10CBQ21CE001XB14	EXT42-2	DOX	2.3.1	1	6kV 1B1 段手动启动切换命令	
42	10CBQ21CE001XB17	EXT42-2	DOX	2.3.1	4	6kV 1B1 段切换装置复归命令	
43	10CBQ21CE001XB18	EXT42-2	DOX	2.3.1	5	6kV 1B1 段允许慢速切换	
44	10CBQ22CE001XB14	EXT42-2	DOX	2.3.2	1	6kV 1B2 段手动启动切换命令	
45	10CBQ22CE001XB17	EXT42-2	DOX	2.3.2	4	6kV 1B2 段切换装置复归命令	
46	10CBQ22CE001XB18	EXT42-2	DOX	2.3.2	5	6kV 1B2 段允许慢速切换	

F.8 DROP45/95 控制站严重故障应急处置预案

F.8.1 故障现象

F.8.1.1 运行检查

1）公用电气画面上（画面编号 3808、3809）公用电气 A 侧相关电流、电压等参数显示坏质量或者"T"字样，运行人员无法监视这些参数，无法对公用电气相关断路器进行操作和监视。

2）空气压缩机系统画面上（画面编号 3900）1、2 号空气压缩机电流、出口压力等参数显示坏质量或者"T"字样，运行人员无法监视这些参数。

3）系统状态画面中 DROP45 和 DROP95 图符颜色均显示不正常，出现"灰色"（表示控制器失电或离线）、"橘黄色"（表示控制器故障）、"紫色"（表示需运行人员关注）。

F.8.1.2 热控检查

1）查看系统状态画面和故障控制器状态画面中的具体错误信息和故障代码。

2）至相应控制柜查看故障控制器的电源状态。

3）至相应控制柜查看故障控制器的显示灯状态。

4）至相应控制柜查看故障控制器的网络连接情况。

F.8.2 故障原因

1）DROP45 和 DROP95 控制柜电源失去。

2）DROP45 和 DROP95 一对控制器电源失去。

3）DROP45 和 DROP95 一对控制器软硬件故障。

4）DROP45 和 DROP95 一对控制器失去网络连接。

F.8.3 故障后果

1）若 DROP45 和 DROP95 控制站故障，则电气公用 A 侧相关的电流、电压等参数失去监视，公用 A 侧相关隔离开关无法进行远程操作和监视。

2）若 DROP45 和 DROP95 控制站故障，则 1、2 号空气压缩机失去状态监视。

F.8.4 故障处理

F.8.4.1 运行处理

1）值长立即汇报调度，申请机组退出 AGC 控制和一次调频。通知热控人员检查，并要求操作员尽量减少操作，维持机组稳定。

2）运行人员至空气压缩机房查看 1、2 号空气压缩机实际工作状态，必要时再手动开启其他备用空气压缩机。

F.8.4.2 维护处理

对故障控制器的处理详见"B.2 控制器故障诊断与处理流程图"及相关操作卡。

F.8.5 重要输出信号列表

DROP45/95 控制器主要涉及电气公用系统 A 侧，1、2 号仪用空气压缩机，其重要输出信号见表 F.4。

表 F.4 DROP45/95 控制器重要输出信号列表

序号	信号编码	机柜号	模件类型	模件位置	通道	信 号 描 述	备注
1	70BHQ01GS001XB11	EXT45-1	DOX	1.7.1	1	1 号机组照明变压器 6kV 侧断路器合闸命令	
2	70BHQ01GS001XB12	EXT45-1	DOX	1.7.1	2	1 号机组照明变压器 6kV 侧断路器分闸命令	
3	70BHR01GS001XB11	EXT45-1	DOX	1.7.1	3	1 号机组检修变压器 6kV 侧断路器合闸命令	
4	70BHR01GS001XB12	EXT45-1	DOX	1.7.1	4	1 号机组检修变压器 6kV 侧断路器分闸命令	
5	70BHP01GS001XB11	EXT45-1	DOX	1.7.1	5	1 号机组公用变压器 6kV 侧断路器合闸命令	
6	70BHP01GS001XB12	EXT45-1	DOX	1.7.1	6	1 号机组公用变压器 6kV 侧断路器分闸命令	
7	70BHV01GS001XB11	EXT45-1	DOX	1.7.1	7	1 号机组除灰变压器 6kV 侧断路器合闸命令	
8	70BHV01GS001XB12	EXT45-1	DOX	1.7.1	8	1 号机组除灰变压器 6kV 侧断路器分闸命令	
9	00BNT01GS001XB11	EXT45-1	DOX	1.7.1	9	厂前区变压器 A 6kV 侧断路器合闸命令	
10	00BNT01GS001XB12	EXT45-1	DOX	1.7.1	10	厂前区变压器 A 6kV 侧断路器分闸命令	
11	00BHT01GS001XB11	EXT45-1	DOX	1.7.2	1	淡水变压器 A 6kV 电源断路器合闸命令	
12	00BHT01GS001XB12	EXT45-1	DOX	1.7.2	2	淡水变压器 A 6kV 电源断路器分闸命令	
13	70BNU01GS001XB11	EXT45-1	DOX	1.7.2	3	1 号机组脱硫公用变压器 6kV 侧断路器合闸命令	
14	70BNU01GS001XB12	EXT45-1	DOX	1.7.2	4	1 号机组脱硫公用变压器 6kV 侧断路器分闸命令	
15	70BFT01GS001XB11	EXT45-1	DOX	1.7.2	5	1 号机组脱硫单元变压器 6kV 侧断路器合闸命令	
16	70BFT01GS001XB12	EXT45-1	DOX	1.7.2	6	1 号机组脱硫单元变压器 6kV 侧断路器分闸命令	
17	70BHS01GS001XB11	EXT45-1	DOX	1.7.2	7	1 号机组循环水泵变压器 6kV 侧断路器合闸命令	
18	70BHS01GS001XB12	EXT45-1	DOX	1.7.2	8	1 号机组循环水泵变压器 6kV 侧断路器分闸命令	
19	00BHU01GS001XB11	EXT45-1	DOX	1.7.2	9	化水变压器 A 6kV 侧断路器合闸命令	
20	00BHU01GS001XB12	EXT45-1	DOX	1.7.2	10	化水变压器 A 6kV 侧断路器分闸命令	

表 F.4（续）

序号	信号编码	机柜号	模件类型	模件位置	通道	信 号 描 述	备注
21	00BCA01GS001XB11	EXT45-1	DOX	1.7.3	1	厂区 6kV 电源 1A 电源断路器合闸命令	
22	00BCA01GS001XB12	EXT45-1	DOX	1.7.3	2	厂区 6kV 电源 1A 电源断路器分闸命令	
23	00BCA01GS002XB11	EXT45-1	DOX	1.7.3	3	厂区 6kV 电源 2A 电源断路器合闸命令	
24	00BCA01GS002XB12	EXT45-1	DOX	1.7.3	4	厂区 6kV 电源 2A 电源断路器分闸命令	
25	10BBA01GW023XB11	EXT45-1	DOX	1.7.3	5	6kV 1A2/2A2 段联络开关 A 断路器合闸命令	
26	10BBA01GW023XB12	EXT45-1	DOX	1.7.3	6	6kV 1A2/2A2 段联络开关 A 断路器分闸命令	
27	10BBA02GW021XB11	EXT45-1	DOX	1.7.3	7	6kV 1B2/2B2 段联络开关 A 断路器合闸命令	
28	10BBA02GW021XB12	EXT45-1	DOX	1.7.3	8	6kV 1B2/2B2 段联络开关 A 断路器分闸命令	
29	10BBB01GW024XB11	EXT45-1	DOX	1.7.3	9	1 号机组 6kV 电源备用馈线 3 断路器合闸命令	
30	10BBB01GW024XB12	EXT45-1	DOX	1.7.3	10	1 号机组 6kV 电源备用馈线 3 断路器分闸命令	
31	70BHB01GS001XB11	EXT45-1	DOX	1.7.4	3	1、2 号机组照明 PC 段母线联络断路器合闸命令	
32	70BHB01GS001XB12	EXT45-1	DOX	1.7.4	4	1、2 号机组照明 PC 段母线联络断路器分闸命令	
33	00QFA00AN001R301	CTRL45	DOC	1.3.7	1	仪用厂用空气压缩机 PLC 启动命令	
34	70BHC01GS001XB11	EXT45-1	DOX	1.7.4	7	1、2 号机组检修 PC 段母线联络断路器合闸命令	
35	70BHC01GS001XB12	EXT45-1	DOX	1.7.4	8	1、2 号机组检修 PC 段母线联络断路器分闸命令	
36	70BHA01GS001XB11	EXT45-1	DOX	1.8.4	1	1、2 号机组公用 PC 段母线联络断路器合闸命令	
37	70BHA01GS001XB12	EXT45-1	DOX	1.8.4	2	1、2 号机组公用 PC 段母线联络断路器分闸命令	
38	00BNE01GS001XB11	EXT45-1	DOX	1.8.4	5	厂前区 PC A 及 PC B 段母线联络断路器合闸命令	
39	00BNE01GS001XB12	EXT45-1	DOX	1.8.4	6	厂前区 PC A 及 PC B 段母线联络断路器分闸命令	
40	00BLD01GS001XB11	EXT45-1	DOX	1.8.4	7	煤仓间 MCC 电源 1 断路器合闸命令	
41	00BLD01GS001XB12	EXT45-1	DOX	1.8.4	8	煤仓间 MCC 电源 1 断路器分闸命令	
42	00BLE01GS001XB11	EXT45-1	DOX	1.8.4	9	空气压缩机房 MCC 电源 1 断路器合闸命令	
43	00BLE01GS001XB12	EXT45-1	DOX	1.8.4	10	空气压缩机房 MCC 电源 1 断路器分闸命令	
44	00BLC01GS001XB11	EXT45-1	DOX	1.8.3	1	集控楼暖通 MCC 电源 1 断路器合闸命令	
45	00BLC01GS001XB12	EXT45-1	DOX	1.8.3	2	集控楼暖通 MCC 电源 1 断路器分闸命令	
46	00BLB01GS001XB11	EXT45-1	DOX	1.8.3	3	集控楼公用 MCC A 电源断路器合闸命令	
47	00BLB01GS001XB12	EXT45-1	DOX	1.8.3	4	集控楼公用 MCC A 电源断路器分闸命令	
48	70BLF01GS001XB11	EXT45-1	DOX	1.8.3	5	凝结水精处理 MCC 电源 1 断路器合闸命令	
49	70BLF01GS001XB12	EXT45-1	DOX	1.8.3	6	凝结水精处理 MCC 电源 1 断路器分闸命令	
50	10BJC03GS001XB11	EXT45-1	DOX	1.8.2	3	1 号机组主厂房事故照明 MCC 电源 1 断路器合闸命令	
51	10BJC03GS001XB12	EXT45-1	DOX	1.8.2	4	1 号机组主厂房事故照明 MCC 电源 1 断路器分闸命令	
52	10BJC03GS011XB11	EXT45-1	DOX	1.8.2	7	厂区主厂房事故照明 MCC 电源 1 断路器合闸命令	
53	10BJC03GS011XB12	EXT45-1	DOX	1.8.2	8	厂区主厂房事故照明 MCC 电源 1 断路器分闸命令	

表 F.4（续）

序号	信号编码	机柜号	模件类型	模件位置	通道	信 号 描 述	备注
54	10BJC03GS012XB11	EXT45-1	DOX	1.8.2	9	厂区主厂房事故照明 MCC 电源 2 断路器合闸命令	
55	10BJC03GS012XB12	EXT45-1	DOX	1.8.2	10	厂区主厂房事故照明 MCC 电源 2 断路器分闸命令	
56	00BNE01GS000XB11	EXT45-1	DOX	1.8.1	1	厂前区 PC A 段电源 1 断路器合闸命令	
57	00BNE01GS000XB12	EXT45-1	DOX	1.8.1	2	厂前区 PC A 段电源 1 断路器分闸命令	

F.9 DROP46/96 控制站严重故障应急处置预案

F.9.1 故障现象

F.9.1.1 运行检查

1）公用电气画面上（画面编号 3808、3809）公用电气 B 侧相关电流、电压等参数显示坏质量或者"T"字样，运行人员无法监视这些参数，无法对公用电气相关断路器进行操作和监视。

2）空气压缩机系统画面上（画面编号 3900）3、4 号空气压缩机电流、出口压力等参数显示坏质量或者"T"字样，运行人员无法监视这些参数。

3）系统状态画面中 DROP46 和 DROP96 图符颜色均显示不正常，出现"灰色"（表示控制器失电或离线）、"橘黄色"（表示控制器故障）、"紫色"（表示需运行人员关注）。

F.9.1.2 热控检查

1）查看系统状态画面和故障控制器状态画面中的具体错误信息和故障代码。

2）至相应控制柜查看故障控制器的电源状态。

3）至相应控制柜查看故障控制器的显示灯状态。

4）至相应控制柜查看故障控制器的网络连接情况。

F.9.2 故障原因

1）DROP46 和 DROP96 控制柜电源失去。

2）DROP46 和 DROP96 一对控制器电源失去。

3）DROP46 和 DROP96 一对控制器软硬件故障。

4）DROP46 和 DROP96 一对控制器失去网络连接。

F.9.3 故障后果

1）若 DROP46 和 DROP96 控制站故障，则电气公用 B 侧相关的电流、电压等参数失去监视，公用 B 侧相关隔离开关无法进行远程操作和监视。

2）若 DROP46 和 DROP96 控制站故障，则 3、4 号空气压缩机失去状态监视。

F.9.4 故障处理

F.9.4.1 运行处理

1）值长立即汇报调度，申请机组退出 AGC 控制和一次调频。通知热控人员检查，并要求操作员尽量减少操作，维持机组稳定。

2）运行人员至空气压缩机房查看 1、2 号空气压缩机实际工作状态，必要时再手动开启其他备用空压机。

F.9.4.2 维护处理

对故障控制器处理详见"B.2 控制器故障诊断与处理流程图"及相关操作卡。

F.9.5 重要输出信号列表

DROP46/96 控制器主要涉及电气公用系统 B 侧，3、4 号仪用空气压缩机，其重要输出信号见表 F.5。

表 F.5 DROP46/96 控制器重要输出信号列表

序号	信号编码	机柜号	模件类型	模件位置	通道	信 号 描 述	备注
1	70BHQ02GS001XB11	EXT46-2	DOX	2.3.1	1	2 号机组照明变压器 6kV 侧断路器合闸命令	
2	70BHQ02GS001XB12	EXT46-2	DOX	2.3.1	2	2 号机组照明变压器 6kV 侧断路器分闸命令	
3	70BHR02GS001XB11	EXT46-2	DOX	2.3.1	3	2 号机组检修变压器 6kV 侧断路器合闸命令	
4	70BHR02GS001XB12	EXT46-2	DOX	2.3.1	4	2 号机组检修变压器 6kV 侧断路器分闸命令	
5	70BHP02GS001XB11	EXT46-2	DOX	2.3.1	5	2 号机组公用变压器 6kV 侧断路器合闸命令	
6	70BHP02GS001XB12	EXT46-2	DOX	2.3.1	6	2 号机组公用变压器 6kV 侧断路器分闸命令	
7	00BNT02GS001XB11	EXT46-2	DOX	2.3.1	7	厂前区变压器 B 6kV 侧断路器合闸命令	
8	00BNT02GS001XB12	EXT46-2	DOX	2.3.1	8	厂前区变压器 B 6kV 侧断路器分闸命令	
9	70BHV02GS001XB11	EXT46-2	DOX	2.3.1	9	2 号机组除灰变压器 6kV 侧断路器合闸命令	
10	70BHV02GS001XB12	EXT46-2	DOX	2.3.1	10	2 号机组除灰变压器 6kV 侧断路器分闸命令	
11	70BNU02GS001XB11	EXT46-2	DOX	2.3.2	1	2 号机组脱硫公用变压器 6kV 侧断路器合闸命令	
12	70BNU02GS001XB12	EXT46-2	DOX	2.3.2	2	2 号机组脱硫公用变压器 6kV 侧断路器分闸命令	
13	70BFT02GS001XB11	EXT46-2	DOX	2.3.2	3	2 号机组脱硫单元变压器 6kV 侧断路器合闸命令	
14	70BFT02GS001XB12	EXT46-2	DOX	2.3.2	4	2 号机组脱硫单元变压器 6kV 侧断路器分闸命令	
15	70BHS02GS001XB11	EXT46-2	DOX	2.3.2	5	2 号机组循环水泵变压器 6kV 侧断路器合闸命令	
16	70BHS02GS001XB12	EXT46-2	DOX	2.3.2	6	2 号机组循环水泵变压器 6kV 侧断路器分闸命令	
17	00BHU02GS001XB11	EXT46-2	DOX	2.3.2	7	化水变压器 B 6kV 侧断路器合闸命令	
18	00BHU02GS001XB12	EXT46-2	DOX	2.3.2	8	化水变压器 B 6kV 侧断路器分闸命令	
19	00BCB01GS001XB11	EXT46-2	DOX	2.3.2	9	厂区 6kV 电源 1B 电源断路器合闸命令	
20	00BCB01GS001XB12	EXT46-2	DOX	2.3.2	10	厂区 6kV 电源 1B 电源断路器分闸命令	
21	00BCB01GS002XB11	EXT46-2	DOX	2.3.3	1	厂区 6kV 电源 2B 电源断路器合闸命令	
22	00BCB01GS002XB12	EXT46-2	DOX	2.3.3	2	厂区 6kV 电源 2B 电源断路器分闸命令	
23	20BBA01GW023XB11	EXT46-2	DOX	2.3.3	3	6kV 1A2/2A2 段联络开关 B 断路器合闸命令	
24	20BBA01GW023XB12	EXT46-2	DOX	2.3.3	4	6kV 1A2/2A2 段联络开关 B 断路器分闸命令	
25	20BBB01GW024XB11	EXT46-2	DOX	2.3.3	5	6kV 1B2/2B2 段联络开关 B 断路器合闸命令	
26	20BBB01GW024XB12	EXT46-2	DOX	2.3.3	6	6kV 1B2/2B2 段联络开关 B 断路器分闸命令	
27	20BBB02GW021XB11	EXT46-2	DOX	2.3.3	7	2 号机组 6kV 电源备用馈线 3 断路器合闸命令	
28	20BBB02GW021XB12	EXT46-2	DOX	2.3.3	8	2 号机组 6kV 电源备用馈线 3 断路器分闸命令	
29	70BHQ02GS002XB11	EXT46-2	DOX	2.3.3	9	2 号机组照明变压器 380V 侧断路器合闸命令	
30	70BHQ02GS002XB12	EXT46-2	DOX	2.3.3	10	2 号机组照明变压器 380V 侧断路器分闸命令	
31	70BHR02GS002XB11	EXT46-2	DOX	2.4.4	1	2 号机组检修变压器 380V 侧断路器合闸命令	
32	70BHR02GS002XB12	EXT46-2	DOX	2.4.4	2	2 号机组检修变压器 380V 侧断路器分闸命令	

表 F.5（续）

序号	信号编码	机柜号	模件类型	模件位置	通道	信 号 描 述	备注
33	70BHP02GS002XB11	EXT46-2	DOX	2.4.4	3	2 号机组公用变压器 380V 侧断路器合闸命令	
34	70BHP02GS002XB12	EXT46-2	DOX	2.4.4	4	2 号机组公用变压器 380V 侧断路器分闸命令	
35	00BNT02GS002XB11	EXT46-2	DOX	2.4.4	5	厂前区变压器 B 380V 侧断路器合闸命令	
36	00BNT02GS002XB12	EXT46-2	DOX	2.4.4	6	厂前区变压器 B 380V 侧断路器分闸命令	
37	00BLD01GS002XB11	EXT46-2	DOX	2.4.4	7	煤仓间 MCC 电源 2 断路器合闸命令	
38	00BLD01GS002XB12	EXT46-2	DOX	2.4.4	8	煤仓间 MCC 电源 2 断路器分闸命令	
39	00BLE01GS002XB11	EXT46-2	DOX	2.4.4	9	空气压缩机房 MCC 电源 2 断路器合闸命令	
40	00BLE01GS002XB12	EXT46-2	DOX	2.4.4	10	空气压缩机房 MCC 电源 2 断路器分闸命令	
41	00BLC01GS002XB11	EXT46-2	DOX	2.4.3	1	集控楼暖通 MCC 电源 2 断路器合闸命令	
42	00BLC01GS002XB12	EXT46-2	DOX	2.4.3	2	集控楼暖通 MCC 电源 2 断路器分闸命令	
43	00BLB02GS001XB11	EXT46-2	DOX	2.4.3	3	集控楼公用 MCC B 电源断路器合闸命令	
44	00BLB02GS001XB12	EXT46-2	DOX	2.4.3	4	集控楼公用 MCC B 电源断路器分闸命令	
45	70BLF01GS002XB11	EXT46-2	DOX	2.4.3	5	凝结水精处理 MCC 电源 2 断路器合闸命令	
46	70BLF01GS002XB12	EXT46-2	DOX	2.4.3	6	凝结水精处理 MCC 电源 2 断路器分闸命令	
47	70BHA02GH202XB11	EXT46-2	DOX	2.4.3	7	380V 公用 PC B 段备用电源 1 断路器合闸命令	
48	70BHA02GH202XB12	EXT46-2	DOX	2.4.3	8	380V 公用 PC B 段备用电源 1 断路器分闸命令	
49	70BHA02GH302XB11	EXT46-2	DOX	2.4.3	9	380V 公用 PC B 段备用电源 2 断路器合闸命令	
50	70BHA02GH302XB12	EXT46-2	DOX	2.4.3	10	380V 公用 PC B 段备用电源 2 断路器分闸命令	
51	70BHA02GH402XB11	EXT46-2	DOX	2.4.2	1	380V 公用 PC B 段备用电源 3 断路器合闸命令	
52	70BHA02GH402XB12	EXT46-2	DOX	2.4.2	2	380V 公用 PC B 段备用电源 3 断路器分闸命令	
53	70BHA02GH602XB11	EXT46-2	DOX	2.4.2	3	380V 公用 PC B 段备用电源 4 断路器合闸命令	
54	70BHA02GH602XB12	EXT46-2	DOX	2.4.2	4	380V 公用 PC B 段备用电源 4 断路器分闸命令	
55	70BHA02GH702XB11	EXT46-2	DOX	2.4.2	5	380V 公用 PC B 段备用电源 3 断路器合闸命令	
56	70BHA02GH702XB12	EXT46-2	DOX	2.4.2	6	380V 公用 PC B 段备用电源 3 断路器分闸命令	
57	00BNE02GS001XB11	EXT46-2	DOX	2.4.2	7	厂前区 PC B 段电源 1 断路器合闸命令	
58	00BNE02GS001XB12	EXT46-2	DOX	2.4.2	8	厂前区 PC B 段电源 1 断路器分闸命令	
59	00BNE02GS002XB11	EXT46-2	DOX	2.4.2	9	厂前区 PC B 段电源 2 断路器合闸命令	
60	00BNE02GS002XB12	EXT46-2	DOX	2.4.2	10	厂前区 PC B 段电源 2 断路器分闸命令	
61	00BNE02GS003XB11	EXT46-2	DOX	2.4.1	1	厂前区 PC B 段电源 3 断路器合闸命令	
62	00BNE02GS003XB12	EXT46-2	DOX	2.4.1	2	厂前区 PC B 段电源 3 断路器分闸命令	
63	00BNE02GS004XB11	EXT46-2	DOX	2.4.1	3	厂前区 PC B 段电源 4 断路器合闸命令	
64	00BNE02GS004XB12	EXT46-2	DOX	2.4.1	4	厂前区 PC B 段电源 4 断路器分闸命令	

F.10 DROP47/97 控制站严重故障应急处置预案

F.10.1 故障现象

F.10.1.1 运行检查

1）空气压缩机系统画面上（画面编号 3900）5、6 号空气压缩机电流和出口压力等参数显示坏质量或者"T"字样，运行人员无法监视这些参数。

2）润滑油清洗系统画面上（画面编号 3905）润滑油输送泵泵出口压力等参数显示坏质量或者"T"字样，运行人员无法监视这些参数，无法对润滑油输送泵进行操作和监视。

3）氢气补充系统画面上（画面编号 3906）氢气汇流排压力、流量等参数显示坏质量或者"T"字样，运行人员无法监视这些参数，无法对补氢气动阀进行操作和监视。

4）辅助蒸汽系统画面上（画面编号 3507）老厂辅助蒸汽压力、温度等参数显示坏质量或者"T"字样，运行人员无法监视这些参数，无法对老厂辅助蒸汽调节阀进行操作和监视。

5）系统状态画面中 DROP47 和 DROP97 图符颜色均显示不正常，出现"灰色"（表示控制器失电或离线）、"橘黄色"（表示控制器故障）、"紫色"（表示需运行人员关注）。

F.10.1.2 热控检查

1）查看系统状态画面和故障控制器状态画面中的具体错误信息和故障代码。

2）至相应控制柜查看故障控制器的电源状态。

3）至相应控制柜查看故障控制器的显示灯状态。

4）至相应控制柜查看故障控制器的网络连接情况。

F.10.2 故障原因

1）DROP47 和 DROP97 控制柜电源失去。

2）DROP47 和 DROP97 一对控制器电源失去。

3）DROP47 和 DROP97 一对控制器软硬件故障。

4）DROP47 和 DROP97 一对控制器失去网络连接。

F.10.3 故障后果

1）若 DROP47 和 DROP97 控制站故障，则 1、2 号空气压缩机失去状态监视。

2）若 DROP47 和 DROP97 控制站故障，则润滑油输送系统失去参数监视，无法对润滑油输送泵进行操作和监视。

3）若 DROP47 和 DROP97 控制站故障，则氢气补充系统失去参数监视，无法对补氢气动阀进行操作和监视。

4）若 DROP47 和 DROP97 控制站故障，则无法监视老厂至机组辅助蒸汽的相关参数，无法对老厂至辅助蒸汽调节阀进行操作和监视。

F.10.4 故障处理

F.10.4.1 运行处理

1）值长立即通知热控人员检查，并要求操作员加强关注相关系统。

2）运行人员至空气压缩机房查看 1、2 号空气压缩机实际工作状态，必要时再手动开启其他备用空气压缩机。

F.10.4.2 维护处理

对故障控制器的处理详见"B.2 控制器故障诊断与处理流程图"及相关操作卡。

F.10.5 重要输出信号列表

DROP47/97 控制器主要涉及 5、6 号仪用空气压缩机，公用辅助蒸汽系统，润滑油输送泵，氢气补充系统等其他公用设备，其重要输出信号见表 F.6。

表 F.6　DROP47/97 控制器重要输出信号列表

序号	信号编码	机柜号	模件类型	模件位置	通道	信　号　描　述	备注
1	01MAV33AP001XB11	CTRL47	DOC	1.4.1	1	润滑油输送泵合闸命令	
2	01MAV33AP001XB12	CTRL47	DOC	1.4.1	2	润滑油输送泵分闸命令	
3	70LBG10AA101XQ01	CTRL47	AO	1.1.5	1	老厂辅助蒸汽母管调节阀控制指令	
4	70QJH20AA101XB11	CTRL47	DOC	1.4.2	5	至主厂房补氢管路 1 气动阀开指令	
5	70QJH20AA102XB11	CTRL47	DOC	1.4.2	6	至主厂房补氢管路 2 气动阀开指令	
6	70SCA10AA002XB11	CTRL47	DOC	1.4.2	3	检修用储气罐进口电动阀开指令	
7	70SCA10AA002XB12	CTRL47	DOC	1.4.2	4	检修用储气罐进口电动阀关指令	

附 录 G
控 制 系 统 维 护 方 法

G.1 日常设备故障预防措施

G.1.1 日常检查工作原则

1）机组运行中应加强对 DCS 的监视检查，特别是发现 DPU、网络、电源等故障时，应及时通知运行人员并迅速做好相应对策。

2）规范 DCS 软件和应用软件的管理，软件的修改、更新、升级必须履行审批授权及责任人制度，未经测试确认的各种软件严禁下载到已运行的 DCS 中使用，必须建立有针对性的 DCS 防病毒措施。

3）加强 DCS 操作、故障判断和一般故障恢复的培训工作。

4）事故处理后，对故障现象和解决方法应有详细的文字记录。

G.1.2 Ovation 控制系统的诊断工具

Ovation 控制系统包含一组诊断工具，进行日常检查时可以采用这些工具及时发现可能存在的问题。这些工具包括：

1）控制系统关键设备状态图：

a）控制站与高速公路状态图：可以检查系统内所有控制站、人机接口站的状态。

b）电源监视图：检查每对电源的状态。

c）控制站与 I/O 状态图：可以检查控制器报警和每块 I/O 模块以及每路通道的状态。

d）网络端口状态图：可以检查每个网络端口的状态以及报警。

2）系统部件上的 LED 灯的不同颜色所代表的不同状态。

3）Ovation 错误信息工具包：能够将绝大多数错误码翻译为错误描述，帮助用户通过错误描述来定位故障。

4）控制器诊断工具包：能够显示控制器的各种诊断信息、任务区信息、I/O 模块信息和 I/O 点信息。

5）系统诊断算法：用于监视系统状态。如果需要，可以利用这些算法完成系统状态的监视逻辑：

a）DROPSTATUS：控制器或者工作站的状态监视。

b）HEARTBEAT：产生心跳信号，可以被其他控制器或者工作站所接收。

c）LATCHQUAL：锁定或者解锁模拟输入点或者数字输入点的状态。

d）PNTSTATUS：点状态。

G.1.3 日常检查工作内容

G.1.3.1 周期性检查人机接口

1）检查通用信息窗口（General Message Display）的系统报警和错误信息。

2）检查 Ovation 控制系统错误记录：

a）操作系统的错误记录，位于/var/adm/messages。

b）Ovation 控制系统的错误记录，位于/usr/wdpf/log/wdpf_messages。

3）检查系统的性能：

a）工作站的 CPU 负荷、内存使用情况。

b）控制器的 CPU 负荷、每个控制域的平均执行时间和最坏执行时间。

4）对工作站硬盘进行整理，使用 fsck 命令。

G.1.3.2 停机检修期间的检查工作

执行一次大约需要 2h。

1）清洁工作：

a）机柜门上的空气过滤片（清洁或者更换）。

b）其他空气过滤片（清洁或者更换）。

c）机柜门。

d）控制器。

e）I/O 模块。

2）检查工作：

a）腐蚀。

b）物理损坏。

c）熔断器。

d）接地线缆。

e）所有的冷却风扇。

3）电压和状态读数：

a）24V DC 电源。

b）220V AC 输入。

c）控制器上的 LED 指示灯。

d）对每个电源进行 24h 负载试验，试验期间关闭另一个电源。

4）如果需要，更换每个控制器的闪存卡。

5）重启控制器。

G.1.3.3 硬件设备的预防性维护工作

1）确认每面机柜背面的电源处于开状态（主电源和备用电源）。

2）检查主、辅电源的电压输出均为 24V。

3）确认控制器的处理器模块和 I/O 处理模块的 LED 灯能够正常工作。

4）确认远程 I/O（RIO）处于运行状态，能够扫描 I/O 模块。

5）检查确认以太网卡通信状态灯为绿色，即工作正常。

6）检查确认机柜接线和线缆（内部与外部）都整齐地捆在一起，没有磨损和尖锐凸起，能够确保安全。

7）确认线缆都被正确连接到 I/O 底座。

8）确认所有的风扇都在运行，包括机柜门上的风扇和电源风扇：

a）听到任何噪声则说明轴承可能有问题。

b）这项工作会涉及清洁过滤网和尘土吹扫。

G.2 Ovation 故障信息查询工具包

G.2.1 概述

Ovation 控制系统，无论基于 Solaris 平台还是 Windows 平台，都能够提供故障码（Fault Code）或者错误消息，用于诊断控制站点和系统问题。不同的故障代码代表不同的错误消息。故障代码和错误消息在 Ovation 系统中有多种显示方式，分别如下：

1）故障代码：

a）在控制站细节状态画面显示。

b）在 Windows 平台的错误日志（Error Log）上显示。

c）在 Solaris 平台的通用消息窗口（General Message Display）显示。

2）操作画面上出现的弹出消息窗口。

3）发至操作站的错误消息。

4）控制器闪存上存储的消息。

5）操作站的系统日志。

G.2.2 故障代码的组成

控制站的故障代码会显示在系统状态图和控制站细节图中，而具体的故障信息包括：

1）故障码，Fault Code=FC（在控制站细节图中以十进制方式显示）。

2）故障号，Fault ID=FK（在控制站细节图中以十六进制方式显示）。

3）故障参数 1，Fault Parameter 1=FS（在控制站细节图中以十六进制方式显示）。

4）故障参数 2，Fault Parameter 2=FO（在控制站细节图中以十六进制方式显示）。

5）故障参数 3、4 和 5（在 Solaris 平台的通用消息窗口和 Windows 平台的错误日志查看器里以十六进制方式显示）。

不同的故障码代表不同的故障设备或者故障区域，表 G.1 列出了故障码所代表的含义。

表 G.1 故障代码及其含义

故障码（以十进制方式显示）	描 述	故障码（以十进制方式显示）	描 述
35	报警子系统打印机故障	178	eDB 历史站故障
66	控制器故障	179	Ovation OPH 历史站故障
129	QLC 或者 Ovation LC 卡失效故障	180	日志服务器故障
150	OPC 报警与事件服务器故障	185	软件授权故障
157	（旧版本）OPC Client Mapper 故障	190	数据链接服务器故障
170	SHC（数据高速公路）失效故障	195	OPC 数据服务器故障
171	SHC（数据高速公路）初始化故障	196	OPC Client Mapper 故障
175	服务器故障	198	OPC 报警和事件服务故障
176	操作站故障	210	SCADA 服务器故障
177	Ovation HSR 历史站故障		

G.2.3 故障代码的查询

故障代码的具体含义，可以通过 Ovation Fault Information Tool 软件工具（见图 G.1）进行查询。每一个故障条目都包含故障总体信息、建议的操作和故障具体描述三部分。操作和维护人员可以根据建议的操作步骤来消除对应的系统或者控制站故障。

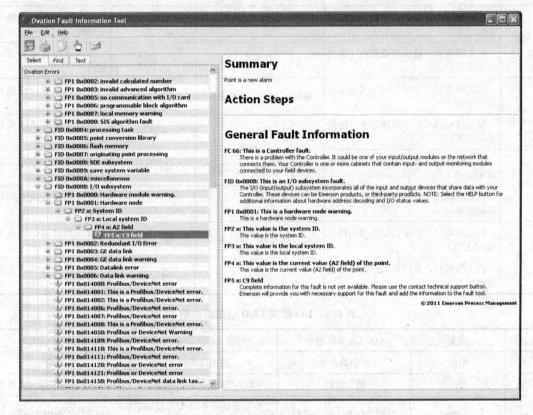

图 G.1   故障代码查询界面

注：Ovation Fault Information Tool 软件工具是一套基于 Windows 平台的免费应用软件，可以从艾默生网站下载。

G.3   控制器与 I/O 模件 LED 灯说明

G.3.1   控制器 LED 显示灯含义说明

OCR400 控制器包含以下两个主模块：

1）处理器模块。此模块负责与 Ovation 网络通信，并提供 9 个 LED 指示灯，显示有关网络通信状态信息。

2）IOIC 模块。此模块负责与 I/O 设备通信，并提供 10 个 LED 指示灯，显示有关 I/O 通信状态信息。

处理器模块 LED 状态指示灯说明见表 G.2。

I/O 模块 LED 状态灯说明见表 G.3。

表 G.2   处理器模块 LED 状态指示灯说明

LED 灯	含　义	ON（点亮状态）	OFF（熄灭状态）	Blink（闪烁状态）
P	电源	模块上电时，点亮为绿色	模块失电时熄灭	不适用

表 G.2（续）

LED 灯	含　义	ON（点亮状态）	OFF（熄灭状态）	Blink（闪烁状态）
N1	以太网端口，显示为绿色（连接正常/已上电）	端口已上电，可以通信	端口失电	模块通过端口连接到了网络
	以太网端口，显示为琥珀色（连接活动状态）	不适用	不适用	模块在接收或者发送数据
N2	以太网端口，显示为绿色（连接正常/已上电）	端口已上电，可以通信	端口失电	模块通过端口连接到了网络
	以太网端口，显示为琥珀色（连接活动状态）	不适用	不适用	模块在接收或者发送数据
N3	以太网端口，显示为绿色（连接正常/已上电）	端口已上电，可以通信	端口失电	模块通过端口连接到了网络
	以太网端口，显示为琥珀色（连接活动状态）	不适用	不适用	模块在接收或者发送数据
N4	以太网端口，显示为绿色（连接正常/已上电）	端口已上电，可以通信	端口失电	模块通过端口连接到了网络
	以太网端口，显示为琥珀色（连接活动状态）	不适用	不适用	模块在接收或者发送数据

表 G.3　I/O 模块 LED 状态灯说明

LED 灯		含义	ON（点亮状态）	OFF（熄灭状态）	Blink（闪烁状态）
P		电源	控制器上电	控制器失电	不适用
Cm		通信	通信挂起	未收到来自处理器模块的命令	正在从处理器模块接收命令
Ct		控制	控制器作为主控来运行	控制器处于不可操作状态，正在启动，或者已清空	控制器作为备用来运行
A		活动状态	活动的（硬件处于控制中）	活动状态定时器超时	不适用
E		错误	在启动期间执行诊断	应用程序固件正在运行，没有错误	表示出现一个错误。可以通过节点 LED 或者 GMD 窗口来读取错误码
节点 LED	O1	本地 Ovation 1（端口 L1）	全部 I/O 循环成功执行（"E" LED 状态显示灯熄灭）	没有 I/O 循环在尝试执行（"E" LED 状态显示灯熄灭）	一些或者全部 I/O 循环失败（"E" LED 状态显示灯熄灭）
	O2	本地 Ovation 2（端口 L2）	全部 I/O 循环成功执行（"E" LED 状态显示灯熄灭）	没有 I/O 循环在尝试执行（"E" LED 状态显示灯熄灭）	一些或者全部 I/O 循环失败（"E" LED 状态显示灯熄灭）
	R3	端口 R3	全部 I/O 循环成功执行（"E" LED 状态显示灯熄灭）	没有 I/O 循环在尝试执行（"E" LED 状态显示灯熄灭）	一些或者全部 I/O 循环失败（"E" LED 状态显示灯熄灭）
	R4	端口 R4	全部 I/O 循环成功执行（"E" LED 状态显示灯熄灭）	没有 I/O 循环在尝试执行（"E" LED 状态显示灯熄灭）	一些或者全部 I/O 循环失败（"E" LED 状态显示灯熄灭）
	Q5	端口 Q5	全部 I/O 循环成功执行（"E" LED 状态显示灯熄灭）	没有 I/O 循环在尝试执行（"E" LED 状态显示灯熄灭）	一些或者全部 I/O 循环失败（"E" LED 状态显示灯熄灭）

当红色的 E LED 状态指示灯闪烁时，代表控制器故障。这种状态下，节点 LED 指示灯（O1、O2、R3、R4 和 Q5）闪烁出实际的错误码，以 3s 的间隔出现两个独立的二进制数（所有的节点 LED 灯熄灭，代表 00000）。只要错误状态存在，该闪烁顺序就会一直重复。打开通用信息显示窗口（General Message Display），可以读取十六进制的错误码。采用 Ovation

故障信息工具（Ovation Fault Information Tool），就可以了解具体的错误描述。

G.3.2　I/O 模块的测试方法和 LED 含义

G.3.2.1　模拟量输入模块（1C31224）

模块测试方法：接通电流回路（自激或者现场供电）或者电压源，通过系统监视画面和工程师站来监视输入值来检验最小、中值和最大量程（按照数据库和端子列表的定义）。

模拟量输入模块 LED 说明见表 G.4。

表 G.4　模拟量输入模块 LED 说明

LED	说　　明
P（绿色）	电源正常 LED 指示。如果+5V 电源正常，则 LED 灯点亮
C（绿色）	通信正常 LED 指示。如果 Ovation 控制器和 I/O 模块通信正常，则 LED 灯点亮
E	无 LED
I（红色）	内部错误 LED 指示。无论何时出现模块出现内部错误，除非失去电源，都会点亮这个 LED。可能的原因有： 1）模块正在进行初始化。 2）发生 I/O 总线超时。 3）内部硬件错误。 4）模块复位。 5）模块没有校准。 6）接收到来自控制器的强制错误。 7）现场和逻辑板直接的通信失败
CH1～CH8（红色）	通道错误。无论何时出现与通道相关的错误，都会点亮这个 LED。可能的原因有： 1）正极超限：输入电压超过满量程的+121%（模块配置为电压输入的）。 2）负极超限：输入电压低于满量程的−121%（模块配置为电压输入的）。 3）电流回路超范围。 4）校验读数超范围

G.3.2.2　热电阻输入模块

模块测试方法：根据输入点的定义，将级连电阻配置成 2、3 或 4 线制。级连电阻箱可以用于作为输入来测试最小、中值和最大量程（按照数据库和端子列表的定义）。

热电阻输入模块 LED 说明见表 G.5。

表 G.5　热电阻输入模块 LED 说明

LED	说　　明
P（绿色）	电源正常 LED 指示。如果+5V 电源正常，则 LED 灯点亮
C（绿色）	通信正常 LED 指示。如果 Ovation 控制器和 I/O 模块通信正常，则 LED 灯点亮
E	无 LED
I（红色）	内部错误 LED 指示。无论何时出现模块出现内部错误，除非失去电源，都会点亮这个 LED。可能的原因有： 1）模块正在进行初始化。 2）发生 I/O 总线超时。 3）寄存器、静态 RAM 或者闪存校验和错误。 4）模块复位。 5）模块没有校准。 6）接收到来自控制器的强制错误。 7）现场和逻辑板直接的通信失败

表 G.5（续）

LED	说　　明
CH1～CH8（红色）	通道错误。无论何时出现与通道相关的错误，都会点亮这个 LED。可能的原因有： 1) 正极超限。 2) 负极超限。 3) 通道通信失败

G.3.2.3　模拟量输出模块

模块测试方法：采用电压表或者电流表，通过接线端子来验证最小、中值和最大量程（按照数据库和端子列表的定义）。

模拟量输出模块 LED 说明见表 G.6。

表 G.6　模拟量输出模块 LED 说明

LED	说　　明
P（绿色）	电源正常 LED 指示。如果+5V 电源正常，则 LED 灯点亮
C（绿色）	通信正常 LED 指示。如果 Ovation 控制器和 I/O 模块通信正常，则 LED 灯点亮
E	无 LED
I（红色）	内部错误 LED 指示。配置信息寄存器的强制位（Bit 1）被置位时，LED 点亮。控制器与模块停止通信，看门狗定时器发生超时，LED 点亮
CH1～CH4（红色）	通道错误，代表过电流或者低电流： 1) 对于 G01/G02/G03/G05，模块上电后，LED 点亮，直至模块配置完成。 2) 对于 G01/G02，输出过电流或者输出 D/A 转换器电源失去时，LED 点亮。 3) 对于 G03/G05，输出过电流或者低电流，或者输出 D/A 转换器电源失去时，LED 点亮。 4) G04 没有诊断 LED 灯

G.3.2.4　数字量输入模块

模块测试方法：根据数据库的定义，将专门的信号加载到每个点，检验测点的激活。同时加载其他点，来检验没有跨接错误。

数字量输入模块 LED 说明见表 G.7。

表 G.7　数字量输入模块 LED 说明

LED	说　　明
P（绿色）	电源正常 LED 指示。如果+5V 电源正常，则 LED 灯点亮
C（绿色）	通信正常 LED 指示。如果 Ovation 控制器和 I/O 模块通信正常，则 LED 灯点亮
E（红色）	外部错误 LED 指示。LED 灯在以下情况下被点亮： 1) 状态寄存器的熔丝烧断位（Bit 7）被置位。这代表在 FDR 上面的外部湿节点供电熔断器被烧断，或者湿节点供电失去，或者湿节点供电低于可接受的阈值。 2) 冗余配置（状态寄存器 Bit 9）时，跨接线缆未就位
I（红色）	内部错误 LED 指示。当配置信息寄存器的强制错误位（Bit 1）被激活，或者控制器停止与模块通信，看门狗定时器出现超时时，LED 点亮
CH1～CH16（绿色）	点状态 LED 1～16。如果对应的通道输入电压超过通道的最低 ON 输入电压，LED 点亮

G.3.2.5　SOE 输入模块

模块测试方法：使用一个开关或者跳线来激活输入，然后在工程师站或者控制逻辑中进行检查。如果有历史站，并且完成了 SOE 子系统的配置，则可以检查 SOE 报表。这张报表罗列了 SOE 点激活顺序。

SOE 输入模块（1C31233）LED 说明见表 G.8。

表 G.8   SOE 输入模块（1C31233）LED 说明

LED	说　明
P（绿色）	电源正常 LED 指示。如果+5V 电源正常，则 LED 灯点亮
C（绿色）	通信正常 LED 指示。如果 Ovation 控制器和 I/O 模块通信正常，则 LED 灯点亮
E（红色）	1）对于单端数字量输入：熔丝熔断或失去辅助电源时亮起（仅当组态寄存器的第 6 位和状态寄存器的第 7 位已置位的情况下）。 2）对于差分数字量输入：由于组态寄存位未置位，因此不亮起，并忽略来自现场卡的熔丝点信号
I（红色）	内部故障 LED。只要组态寄存器的强制出错位（第 1 位）被置位，或控制器停止与模块通信后看守定时器发生超时，此 LED 就会亮起。控制器停止与模块通信时也亮起
CH1～CH16（绿色）	当 LED 的相应通道的输入电压大于通道的最小 On 输入电压时亮起

G.3.2.6　数字量输出模块

模块测试方法：通过系统画面操作面板激活每个数字量输出点，然后校验继电器激活状态的连续性（在开状态和关状态都进行检查）。如果模块没有连接继电器板，可以使用一个标准试验灯或者电压表来检查。

数字量输出模块 LED 说明见表 G.9。

表 G.9   数字量输出模块 LED 说明

LED	说　明
P（绿色）	电源正常 LED 指示。如果+5V 电源正常，则 LED 灯点亮
C（绿色）	通信正常 LED 指示。如果 Ovation 控制器和 I/O 模块通信正常，则 LED 灯点亮
E（红色）	外部故障 LED。当现场电源熔丝熔断，并启用了熔丝点检测电路时，此 LED 亮起。使用组态寄存器的熔丝点位（Bit 7）可启用或禁用熔丝点检测电路（HIGH=已启用）
I（红色）	内部故障 LED。只要组态寄存器的强制出错位（第 1 位）被置位，或控制器停止与模块通信时，此 LED 就会亮起
CH1～CH16（绿色）	如果 LED 亮起，表示输出处于 ON 状态；如果 LED 未亮，表示输出处于 OFF 状态

G.3.2.7　LC 卡

LC 卡有以下三种诊断方式：

1）Syslog 参数：确定显示哪些错误信息。

2）连接编程 PC 方式的实时诊断。

3）LED 指示灯。

参数 Syslog 用于确定哪种严重程度的信息会进行显示。严重程度从最高级 0 到最低级 7，其含义见表 G.10。一般使用时，通常设置为 3。

表 G.10   信息严重性代码及其含义

级别	严重性代码	描　述	级别	严重性代码	描　述
0	Log_emerg	紧急类	2	Log_crit	关键类
1	Log_abort	失败或者异常退出类	3	Log_err	错误类

表 G.10（续）

级别	严重性代码	描 述	级别	严重性代码	描 述
4	Log_warning	警告类	6	Log_info	信息类
5	Log_notice	注意类	7	Log_debug	调试类

连接编程 PC 时，可以通过实时诊断模式来查看 LC 卡的运行，这些运行信息将显示到编程 PC 上。

诊断功能键及其操作见表 G.11，标注星号（*）的条目只在启动寄存器显示时有效。

表 G.11　诊断功能键及其操作

功能键	操 作	功能键	操 作
ESC	退出 Ovation LC/Modbus 接口程序	i *	设置寄存器为连续的数字
t	切换显示（寄存器内容）	g *	跳转到指定的页码
a	切换分析模式（Modbus 信息）	m	修改内存位置
PgUp *	寄存器向上翻页	x	检查指定的点
PgDn *	寄存器向下翻页	2 *	25 行方式显示
h *	以十六进制模式来显示寄存器	5 *	50 行方式显示
d *	以十进制模式来显示寄存器	+	Syslog 的优先级加 1
f *	以浮点形式来显示寄存器对	−	Syslog 的优先级减 1
c *	清除所有寄存器（设置为 0）		

LC 卡的 LED 灯含义见表 G.12。

表 G.12　LC 卡的 LED 灯含义

LED	含 义
LED1	发送 Modbus 消息
LED2	接收 Modbus 消息
LED3-7	无意义
LED8	LC 卡处于主控状态（配置为冗余通信模式时）

正常运行模式下，LED1 和 LED2 之间转换非常快。如果 LED1 非常快地亮起，而 LED2 从来不亮，一般是表明接口软件超时，没有收到任何响应消息。

G.4　网络交换机与控制站连接对照表

ES1 和 ES2 是机组一对冗余根交换机，它们的端口连接设备基本相同，见表 G.13。

表 G.13　ES1 端口连接设备

端口号	DPU 柜号	机柜数量	描 述
1			连接至 IP 交换机 ES11 的端口 1（ES2 的端口 1 为备用端口）
2			与冗余交换机 ES2 的端口 2 连接

表 G.13（续）

端口号	DPU 柜号	机柜数量	描　　述
3			与冗余交换机 ES2 的端口 3 连接
4			与扩展交换机 ES3 的端口 3 连接（ES2 的端口 4 与扩展交换机 ES3 的端口 4 连接）
5			与扩展交换机 ES4 的端口 3 连接（ES2 的端口 4 与扩展交换机 ES4 的端口 4 连接）
6			与扩展交换机 ES5 的端口 3 连接（ES2 的端口 4 与扩展交换机 ES5 的端口 4 连接）
7			与扩展交换机 ES6 的端口 3 连接（ES2 的端口 4 与扩展交换机 ES6 的端口 4 连接）
8			与扩展交换机 ES7 的端口 3 连接（ES2 的端口 4 与扩展交换机 ES7 的端口 4 连接）
9			与扩展交换机 ES8 的端口 3 连接（ES2 的端口 4 与扩展交换机 ES8 的端口 4 连接）
10			连接工程师站 EWS200
11			连接历史站 HSR160
12			连接 OPC 站 OPC180
13			连接工程师站 EWS201
14			连接数据服务器 D.S 214
15			连接数据服务器 D.S 215
16～23			备用端口
24			连接至核心交换机 SW 端口 2

ES3 和 ES4 是第一对扩展交换机，它们的端口连接设备基本相同，见表 G.14。

表 G.14　ES3 端口连接设备

端口号	DPU 柜号	机柜数量	描　　述
1			备用端口
2			与冗余交换机 ES4 的端口 2 连接
3			连接至根交换机 ES1 的端口 4（ES4 的端口 3 连接至根交换机 ES1 的端口 5）
4			连接至根交换机 ES2 的端口 4（ES4 的端口 3 连接至根交换机 ES2 的端口 5）
5	DROP1	1 个机柜	MFT 主保护、油母管及泄漏试验、锅炉吹扫、SOE
6	DROP51		
7	DROP2	1 个机柜	协调控制、燃料主控、机组级程控 APS
8	DROP52		
9	DROP11	3 个机柜	制粉系统 A 层及 A 层油枪
10	DROP61		
11	DROP12	3 个机柜	制粉系统 B 层及 B 层油枪、微油控制
12	DROP62		
13	DROP13	3 个机柜	制粉系统 C 层及 C 层油枪
14	DROP63		
15	DROP14	3 个机柜	制粉系统 D 层及 D 层油枪
16	DROP64		
17	DROP15	3 个机柜	制粉系统 E 层及 E 层油枪
18	DROP65		

表 G.14（续）

端口号	DPU 柜号	机柜数量	描述
19	DROP16	3 个机柜	制粉系统 F 层及 F 层油枪
20	DROP66		
21	DROP21	2 个机柜	给水主控、启动疏水系统（再循环泵等）、旁路系统接口、再热器安全门
22	DROP71		
23			备用端口
24			备用端口

ES5 和 ES6 是第二对扩展交换机，它们的端口连接设备基本相同，见表 G.15。

表 G.15　ES5 端口连接设备

端口号	DPU 柜号	机柜数量	描述
1			备用端口
2			与冗余交换机 ES6 的端口 2 连接
3			连接至根交换机 ES1 的端口 6（ES6 的端口 3 连接至根交换机 ES1 的端口 7）
4			连接至根交换机 ES2 的端口 6（ES6 的端口 3 连接至根交换机 ES2 的端口 7）
5	DROP22	2 个机柜+2 个远程柜	锅炉侧汽水系统阀门、锅炉壁温（远程 I/O）
6	DROP72		
7	DROP23	1 个机柜+4 个远程柜	锅炉吹灰
8	DROP73		
9	DROP24	3 个机柜	主蒸汽温度及再热蒸汽温度控制
10	DROP74		
11	DROP25	2 个机柜	CCOFA/SOFA 风门控制、脱硝控制、锅炉壁温（智能前端）
12	DROP75		
13	DROP26	3 个机柜	风烟系统 A 侧（空气预热器、引风机、送风机、一次风机）、密封风机 A
14	DROP76		
15	DROP27	3 个机柜	风烟系统 B 侧（空气预热器、引风机、送风机、一次风机）、密封风机 B
16	DROP77		
17	DROP31	2 个机柜+1 个远程柜	循环水泵 A（远程）、开/闭式水 A 侧、真空泵 A
18	DROP81		
19	DROP32	2 个机柜+1 个远程柜	循环水泵 B（远程）、开/闭式水 B 侧、真空泵 B
20	DROP82		
21	DROP33	2 个机柜+1 个远程柜	循环水泵 C（远程）、辅助蒸汽、低压加热器及抽汽
22	DROP83		
23			连接操作员站 OPR 210
24			连接操作员站 OPR 211

ES7 和 ES8 是第三对扩展交换机，它们的端口连接设备基本相同，见表 G.16。

表 G.16　ES7 端口连接设备

端口号	DPU 柜号	机柜数量	描　　述
1			备用端口
2			与冗余交换机 ES8 的端口 2 连接
3			连接至根交换机 ES1 的端口 8（ES8 的端口 3 连接至根交换机 ES1 的端口 9）
4			连接至根交换机 ES2 的端口 8（ES8 的端口 3 连接至根交换机 ES2 的端口 9）
5	DROP34	2 个机柜	凝结水泵 A、凝补水 A、除氧器
6	DROP84		
7	DROP35	2 个机柜	凝结水泵 B、凝补水 B、高压加热器及抽汽
8	DROP85		
9	DROP36	2 个机柜	凝结水泵 C、电动给水泵
10	DROP86		
11	DROP37	3 个机柜	汽动给水泵 A＋给水泵汽轮机 A＋给水泵汽轮机 A 油系统
12	DROP87		
13	DROP38	3 个机柜	汽动给水泵 B＋给水泵汽轮机 B＋给水泵汽轮机 B 油系统
14	DROP88		
15	DROP41	3 个机柜	ECS 厂用电系统 A
16	DROP91		
17	DROP42	3 个机柜	ECS 厂用电系统 B
18	DROP92		
19	DROP43	3 个机柜	ECS 发电机—变压器组
20	DROP93		
21			连接操作员站 OPR212
22			连接操作员站 OPR213
23			备用端口
24			备用端口

G.5　气动调节阀失电保位方法及阀门清单

G.5.1　带失气保位阀的调节阀失信号保位方法

利用失气保位阀实现失信号的保位功能，方法：关闭压缩空气隔离阀，松开离阀阀门后的连接管，确保连接管内无气时，此时控制信号的改变就不会对调节阀产生影响，调节阀位保持不变。

当 DCS 故障处理时，按照上述方法断气，记录当时阀门的位置。故障处理完毕后，在 DCS 画面上设置调节阀信号的输出为处理前的位置，恢复安全措施。

由于保位阀的保位时间有限、故障处理时抓紧，时间过长时，阀门有移动时，因此可以用现场的手轮配合调节。

G.5.2　不带失气保位阀的调节阀失信号保位方法：

1）调节阀一般都带有手轮，在 DCS 故障处理前，用气动调节阀上手轮摇到当前位置，此时断开控制信号，阀门保持不动。

2）用万用表测量控制信号线的电流值并记录（注意不能与调节阀串联起来测量）。

3）进行 DCS 故障处理。

4）DCS 故障处理完毕后，运行人员调节气动调节阀控制信号与记录的值相同，并到现场用万用表核对控制信号与记录的相同，此时再恢复接线，并慢慢松开手轮，同时观察阀门是否有异动，运行操作人员配合热控人员阀门的恢复，加强通信联系，并按照机组运行要求做好必要的调节。

G.5.3 典型电磁阀清单见表 G.17。

表 G.17　典型电磁阀清单

序号	KKS 编码	设　备　名　称	安装位置	控制方式
1	10PGB34AA101	闭式水热交换器旁路调节阀	0m 近闭冷泵	双气控
2	10PGB41AA101	汽轮发电机组润滑油温度气动调节阀	8.6m 主油箱旁	气关
3	10PGB55AA101	给水泵汽轮机 A 润滑油温度气动调节阀	0m 给水泵汽轮机 A 油箱旁	气关
4	10PGB62AA101	励磁机水温度气动调节阀	8.6m 靠墙（固定端）	气关
5	10PGB56AA101	给水泵汽轮机 B 润滑油温度气动调节阀	0m 给水泵汽轮机 B 油箱旁	气关
6	10PGB61AA101	发电机氢温度气动调节阀	8.6m 靠墙（固定端）	气关
7	10PGB63AA101	氢密封油温度气动调节阀	密封油泵旁	气关
8	10PGB64AA101	发电机定子水温度气动调节阀	0m 定子冷却水泵旁	气关
9	10PGB50AA101	耦合器润滑油温度气动调节阀	0m 电动给水泵旁（靠墙）	气关
10	10LCA34AA101	凝结水至储水箱调节阀	0m 靠楼梯（固定端）	气关
11	10LCA41AA101	凝结水泵最小流量调节阀	0m 靠凝结水泵	气关
12	10LCP20AA101	凝汽器水位主调节阀	0m 疏水平台旁	气关
13	10LCP21AA101	凝汽器水位副调节阀	0m 疏水平台旁	气关
14	10LAA10AA101	除氧器溢流调节阀	0m 疏水平台上	气关
15	10LCA40AA101	除氧器水位主调节阀	0m 靠近楼梯（固定端）	双气控
16	10LCA42AA101	除氧器水位副调节阀	0m 靠近楼梯（固定端）	气关
17	10LBG14AA101	冷再热蒸汽至辅助蒸汽调节阀 1	35m 除氧层	双气控
18	10LBG14AA102	冷再热蒸汽至辅助蒸汽调节阀 2	35m 除氧层	气开
19	10LBG41AA101	辅助蒸汽至除氧器副调节阀	35m 除氧层	气开
20	10LCP15AA101	闭式水膨胀水箱水位调节阀	25m 闭式水箱旁	气关
21	10LAH10AA101	电动给水泵给水再循环调节阀	35m 除氧层	气关
22	10LAB11AA101	汽动给水泵 A 给水再循环调节阀	35m 除氧层	双气控
23	10LAC11AA101	给水泵 A 密封水调节阀 1	17m 给水泵汽轮机 A 旁	气关
24	10LAC11AA102	给水泵 A 密封水调节阀 2	17m 给水泵汽轮机 A 旁	气关
25	10LAC12AA101	给水泵 B 密封水调节阀 1	17m 给水泵汽轮机 B 旁	气关
26	10LAC12AA102	给水泵 B 密封水调工阀 2	17m 给水泵汽轮机 B 旁	气关

表 G.17（续）

序号	KKS 编码	设 备 名 称	安装位置	控制方式
27	10LCH81AA101	1 号高压加热器 A 正常疏水调节阀	8.6m 空中	气开
28	10LCH81AA111	1 号高压加热器 A 危急疏水调节阀	0m 疏水平台上	气关
29	10LCH82AA101	1 号高压加热器 B 正常疏水调节阀	汽机房 8.6m	气开
30	10LCH82AA111	1 号高压加热器 B 危急疏水调节阀	0m 疏水平台上	气关
31	10LCH71AA101	2 号高压加热器 A 正常疏水调节阀	25m 空中	气开
32	10LCH71AA111	2 号高压加热器 A 危急疏水调节阀	0m 疏水平台上	气关
33	10LCH72AA101	2 号高压加热器 B 正常疏水调节阀	25m 空中	气开
34	10LCH72AA111	2 号高压加热器 B 危急疏水调节阀	0m 疏水平台上	气关
35	10LCH61AA101	2 号高压加热器 A 正常疏水调节阀	35m 除氧层	气开
36	10LCH61AA111	3 号高压加热器 A 危急疏水调节阀	0m 真空泵对面小平台上	气关
37	10LCH62AA101	3 号高压加热器 B 正常疏水调节阀	35m 除氧层	气开
38	10LCH62AA111	3 号高压加热器 B 危急疏水调节阀	0m 真空泵对面小平台上	气关
39	10LCH71AA121	2 号高压加热器 A 危急疏水至除氧器调节阀	35m 除氧层	气开
40	10LCH72AA121	2 号高压加热器 B 危急疏水至除氧器调节阀	35m 除氧层	气开
41	10LCJ30AA111	6 号低压加热器危急疏水调节阀	0m 真空泵对面小平台上	气关
42	10LCJ30AA101	6 号低压加热器正常疏水调节阀	汽机房 8.6m	气开
43	10LCJ34AA101	低压加热器疏水泵再循环调节阀	8.6m6 号低压加热器水箱旁	气关
44	10LCJ40AA101	5 号低压加热器正常疏水调节阀	汽机房 8.6m	气开
45	10LCJ40AA111	5 号低压加热器危急疏水调节阀	0m 真空泵对面小平台上	气关
46	10LAB12AA101	汽动给水泵 B 给水再循环调节阀	35m 除氧层	双气控
47	10LCM23AA101	清洁水疏水泵至凝汽器系统立管 A 调节阀	0m 疏水平台上	气关
48	10LBA21AA402	主蒸汽管 A 疏水管疏水阀	0m 疏水平台上	双气控
49	10LBA22AA402	主蒸汽管 B 疏水管疏水阀	0m 疏水平台上	双气控
50	10LBA31AA101	主汽阀 A 预暖管疏水阀	8.6m 主油箱旁边小平台上	双气控
51	10LBA32AA101	主汽阀 B 预暖管疏水阀	8.6m 主油箱旁边小平台上	双气控
52	10LBB31AA402	热再热蒸汽管 A 疏水管道疏水阀	0m 疏水平台	双气控
53	10LBB22AA404	热再热蒸汽管 B 疏水管道疏水阀	0m 疏水平台	双气控
54	10LBE30AA111	主汽暖管阀 A 喷水调节阀	汽机房 8.6m 靠近主油箱	气开
55	10LBE30AA121	主汽暖管阀 B 喷水调节阀	汽机房 8.6m 靠近主油箱	气开
56	10LCE64AA101	锅炉辅助蒸汽减温调节阀	17m 给煤机平台	气开
57	10LCE31AA101	辅助蒸汽至给水泵汽轮机轴封减温调节阀	汽机房 8.6m 凝结水泵上面	气开
58	70LBG10AA101	老厂辅助蒸汽母管调节阀	汽机房 25m	双气控
59	10LBQ82AA051	1 段抽汽至 1 号高加 B 抽汽止回阀	汽机房 17m	气开
60	10LBQ81AA051	1 段抽汽至 1 号高加 A 抽汽止回阀	汽机房 17m	气开
61	10LBG60AA101	辅助蒸汽至给水泵汽轮机轴封减压调节阀	汽机房 8.6m 凝结水泵上面	气开

表 G.17（续）

序号	KKS 编码	设 备 名 称	安装位置	控制方式
62	10LCE30AA110	给水泵汽轮机轴封蒸汽减温水调节阀	汽机房 8.6m 凝结水泵上面	气开
63	10LBQ71AA051	2 段抽汽至 2 号高压加热器 A 抽汽止回阀	8.6m 2 号高压加热器水箱旁	气开
64	10LBQ72AA051	2 段抽汽至 2 号高压加热器 B 抽汽止回阀	8.6m 2 号高压加热器水箱旁	气开
65	10LBQ61AA051	3 段抽汽至 3 号高压加热器 A 抽汽止回阀	25m 3 号高压加热器水箱旁	气开
66	10LBQ62AA051	3 段抽汽至 3 号高压加热器 B 抽汽止回阀	25m 3 号高压加热器水箱旁	气开
67	10MAW10AA151	轴封供汽控制阀	8.6m 靠近 1 段抽汽止回阀	气开
68	10LCE32AA101	辅助蒸汽至汽轮机轴封减温调节阀	8.6m 靠近 1 段抽汽止回阀	气开
69	10MAW50AA151	轴封漏气控制阀	8.6m 靠小平台扩建端	双气控
70	10LCE21AA101	凝汽器 A 水幕喷水阀	8.6m 靠 A 排平台	气开
71	10MAC01AA051	低压缸喷水阀	8.6m 靠 A 排平台	气开
72	10LCE22AA101	凝汽器 B 水幕喷水阀	8.6m 靠 A 排平台	气开
73	10LBQ80AA051	1 号抽汽止回阀	汽机房 8.6m	气开
74	10LBS50AA052	4 号抽汽止回阀 2	汽机房 8.6m	气开
75	10LBS50AA051	4 号抽汽止回阀 1	汽机房 8.6m	气开
76	10LBS40AA051	5 段抽汽止回阀 1	汽机房 8.6m	气开
77	10LBQ60AA051	3 段抽汽止回阀	汽机房 8.6m	气开
78	10LBS31AA051	6 段抽汽止回阀 1	8.6m 给水泵汽轮机 EH 油箱	气开
79	10LBS32AA052	6 段抽汽止回阀 2	8.6m 给水泵汽轮机 EH 油箱	气开
80	10PGB50AA102	耦合器工作油温度气动调节阀	0m 电动给水泵旁（靠墙）	气关
81	10LCE42AA101	凝汽器系统立管 B 减温喷水阀	0m 真空泵对面小平台上	气开
82	10LCE41AA101	凝汽器系统立管 A 减温喷水阀	0m 疏水平台	气开
83	10LCE44AA101	凝汽器本体立管 B 减温喷水阀	0m 疏水平台	气开
84	10LCE43AA101	凝汽器本体立管 A 减温喷水阀	0m 疏水平台	气开
85	10MAL41AA051	8 号抽汽止回阀前疏水电磁阀	0m 疏水平台	气关
86	10MAL66AA051	2 号冷再热止回阀前疏水电磁阀	0m 疏水平台	气关
87	10MAL22AA051	高压外缸疏水电磁阀	0m 疏水平台	气关
88	10MAL14AA051	高压缸疏水电磁阀	0m 疏水平台	气关
89	10MAL65AA051	1 号冷再热止回阀前疏水阀	0m 疏水平台	气关
90	10MAL20AA051	过载阀前疏水电磁阀	0m 疏水平台	气关
91	10MAL31AA051	再热调门近 1/2 处疏水电磁阀	0m 疏水平台	气关
92	10MAL81AA051	汽封蒸汽管疏水电磁阀	0m 疏水平台	气关
93	10MAL54AA051	3 号抽汽止回阀前疏水电磁阀	0m 疏水平台	气关
94	10MAL25AA051	漏气管疏水电磁阀	0m 疏水平台	气关
95	10MAL51AA051	4 号抽汽止回阀前疏水电磁阀	0m 疏水平台	气关
96	10MAL47AA051	5 号抽汽止回阀前疏水电磁阀	0m 疏水平台	气关

表 G.17（续）

序号	KKS 编码	设 备 名 称	安装位置	控制方式
97	10LBS30AA402	6 段低加抽汽疏水气动阀	0m 疏水平台	气关
98	10MAL45AA051	6 号抽汽止回阀前疏水电磁阀	0m 疏水平台	气关
99	10MAL12AA051	2 号高压调门前疏水电磁阀	0m 疏水平台	气关
100	10MAL26AA051	1 号再热调门前疏水电磁阀	0m 疏水平台	气关
101	10MAL23AA051	1 号再热主汽门前疏水电磁阀	0m 疏水平台	气关
102	10MAL27AA051	2 号再热调门前疏水电磁阀	0m 疏水平台	气关
103	10MAL24AA051	3 号再热主汽门前疏水电磁阀	0m 疏水平台	气关
104	10MAL19AA051	过载阀前疏水电磁阀	0m 疏水平台	气关
105	10MAL11AA051	1 号高压调门前疏水电磁阀	0m 疏水平台	气关
106	10LBB31AA402	低压旁路 B 前蒸汽疏水阀	0m 疏水平台	气关
107	10LBG14AA402	冷再热蒸汽至辅助蒸汽疏水阀	0m 疏水平台	气关
108	10LBC11AA404	冷再热蒸汽去给水泵汽轮机 A 高压气源疏水阀	0m 疏水平台	气关
109	10LBC11AA408	冷再热蒸汽去给水泵汽轮机 A 高压气源疏水罐疏水阀	0m 疏水平台	气关
110	10LBQ72AA402	冷再热蒸汽至 2 号高压加热器 B 疏水气动阀 1	0m 疏水平台	气关
111	10LBC10AA404	冷再热管疏水袋疏水阀	0m 疏水平台	气关
112	10LBQ80AA404	1 段抽汽疏水至扩容器气动阀 2	0m 疏水平台	气关
113	10LBQ80AA402	1 段抽汽疏水至扩容器气动阀 1	0m 疏水平台	气关
114	10LBQ70AA402	2 段抽汽疏水至扩容器气动阀	0m 疏水平台	气关
115	10LBQ71AA402	冷再热蒸汽至 2 号高压加热器 A 疏水气动阀 1	0m 疏水平台	气关
116	10LBQ71AA404	冷再热蒸汽至 2 号高压加热器 A 疏水气动阀 2	0m 疏水平台	气关
117	10LBQ72AA404	冷再热蒸汽至 2 号高压加热器 B 疏水气动阀 2	0m 疏水平台	气关
118	10LBC12AA404	冷再热蒸汽去给水泵汽轮机 B 高压气源疏水阀	0m 疏水平台	气关
119	10LBC12AA408	冷再热蒸汽去给水泵汽轮机 B 高压气源疏水罐疏水阀	0m 疏水平台	气关
120	10LBR11AA412	4 段抽汽供给水泵汽轮机 A 疏水气动阀 2	0m 疏水平台	气关
121	10LBR12AA412	4 段抽汽供给水泵汽轮机 B 疏水气动阀 2	0m 疏水平台	气关
122	10LBS50AA422	4 段抽汽总管疏水气动阀 2	0m 疏水平台	气关
123	10LBS50AA412	4 段抽汽总管疏水气动阀 1	0m 疏水平台	气关
124	10LBQ60AA402	3 段抽汽疏水至扩容器气动阀 1	0m 疏水平台	气关
125	10LBQ60AA404	3 段抽汽疏水至扩容器气动阀 2	0m 疏水平台	气关
126	10LBR11AA402	4 段抽汽供给水泵汽轮机 A 疏水气动阀 1	0m 疏水平台	气关
127	10LBR12AA402	4 段抽汽供给水泵汽轮机 B 疏水气动阀 1	0m 疏水平台	气关
128	10XAL11AA401	给水泵汽轮机 A 低压蒸汽主汽阀疏水气动阀	0m 疏水平台	气关
129	10XAL21AA401	给水泵汽轮机 B 低压蒸汽主汽阀疏水气动阀	0m 疏水平台	气关
130	10LBS40AA402	5 段中压抽汽疏水阀 1	0m 疏水平台	气关
131	10LBS40AA412	5 段中压抽汽疏水阀 2	0m 疏水平台	气关

表 G.17（续）

序号	KKS 编码	设 备 名 称	安装位置	控制方式
132	10LBE30AA011	主汽暖管阀 A 喷水气动阀	主油箱旁	气开
133	10LBE30AA021	主汽暖管阀 B 喷水气动阀	主油箱旁	气开
134	10LAB21AA712	高压加热器 A 列三通阀泄压气动阀	25m 平台	气开
135	10LAB22AA712	高压加热器 B 列三通阀泄压气动阀	25m 平台	气开

G.6 控制系统可靠性确认

G.6.1 控制系统接地

G.6.1.1 控制系统接入厂级接地网的接地点，应保持与大功率电气设备接地点的距离大于 10m，并在该点范围内不得有高电压强电流设备的安全接地和保护接地点。

G.6.1.2 采用现场单独专用接地网的接地铜板面积应不小于规定面积，与其他接地极之间的距离应大于 10m 以上，且专用接地网应与电气地网连接。

G.6.1.3 控制系统接地电阻，接入厂级接地网的应小于 0.5Ω，接入专用接地网的应小于 2Ω；基建与检修机组，均应对接地电阻电阻进行测试并记录建档。

G.6.1.4 单元机组应急预案中，应列出单元机组控制系统接地连接方式和对接地的要求。

G.6.2 DCS 电源系统

G.6.2.1 分散控制系统电源冗余配置要求

1）分散控制系统应配有可靠的两路独立的供电电源，优先考虑单路独立运行就可以满足控制系统容量要求的两路不间断电源（UPSA 和 UPSB）供电，分别供给控制主、从控制站和 I/O 站电源模块，正常运行时各带一半负荷同时工作。当采用一路 UPS、一路保安电源供电时，如保安电源电压波动较大，应增加一台稳压器以稳定电源，正常运行时应保证为 UPS 电源；任一路电源单独运行时，应保证有不小于 30%的裕量。

2）各操作员站、工程师站、实时数据服务器、通信网络设备的工作电源，应分别单独接自电源分配柜的冗余电源，通过双电源模块接入，否则操作员站和通信网络设备的电源应合理分配在两路电源上。

3）DCS 系统内部的直流电源组件配置，宜采用 2N 或互备切换并相对均衡输出供电的工作方式。

4）控制站中所有控制单元、模件、驱动器的工作电源应为冗余电源。冗余电源的直流隔离或切换组件（如二极管或其他部件）应冗余配置，防止因其故障造成控制站电源系统故障。

5）公用 DCS 电源，应取自两台机组 DCS 供电电源经无扰切换后的电源。

G.6.2.2 电源柜配置要求

1）热控系统交流动力电源配电箱应有两路输入电源，分别引自厂用低压母线的不同段；在有事故保安电源的发电厂中，其中一路输入电源引自厂用事故保安电源段。

2）热控仪表电源柜及辅控系统均应由两路不同段交流电源，经冗余自动切换供电（或与 DCS 机柜电源来源相同）。

G.6.2.3　控制装置及设备电源配置要求

　　1）MFT、ETS 和 GTS 等执行部分的继电器采用外部供电时，应有两路自动切换（两路独立的 110V 直流电源）且不会对系统产生干扰的可靠电源。

　　2）独立配置的重要控制子系统（如 ETS、汽轮机和给水泵汽轮机 TSI、MEH、火焰检测器、FSS、循环水泵等远程控制站及 I/O 站电源等）应配置双路电源，通过双路电源模件冗余供电。

　　3）给煤机控制柜、磨煤机、吹灰程控柜、点火等离子系统、循环水泵控制蝶阀等独立配置的系统与装置，应配置两路自动切换且不会对系统产生干扰的可靠电源。

　　4）凡属 DEH 或为使 DEH 正常工作而需另外配备的仪表、设备，其所需单相交流电源及直流电源均应由 DEH 提供。

　　5）提供硬接线回路电源的电源继电器的切换时间应不大于 60ms。

G.6.2.4　电源故障诊断报警

　　1）控制系统电源系统具有可靠的状态和故障诊断、显示与报警功能。机组供电电源失电报警信号应进入故障录波装置和相邻机组的 DCS 系统，以供监视（或独立于 DCS 的电源报警装置）。当外部供电或内部电源任一路电源故障时，均能在人机界面显示故障诊断信息，大屏上声光报警。

　　2）单元机组应急预案，应列出单元机组控制系统不同等级电源及其指标，以便机组检修中测试，并与前次测试结果进行比较。

G.6.3　控制器配置

G.6.3.1　机组 DCS、DEH、脱硫以及外围辅控等主要控制系统的控制器均应单独冗余配置。单元机组控制系统的控制器均应冗余配置，其对数应严格遵循机组重要保护和控制分开的独立性原则，并满足分散度要求，任一控制器配置点原则上每对不大于 400 点。

G.6.3.2　送风机、引风机、一次风机、空气预热器、给水泵、凝结水泵、真空泵、重要冷却水泵、重要油泵、增压风机，以及 A、B 段厂用电和非母管制循环水泵等多台组合或主/备运行的重要辅机（辅助）设备的控制，应分别配置在不同的控制器中，但允许送风机、引风机等按介质流程的纵向组合分配在同一控制器中。

G.6.3.3　300MW 及以上机组磨煤机、给煤机和油燃烧器等多台冗余或组合的重要设备控制，应按工艺流程要求纵向组合，至少配置 3 对控制器。同一控制系统控制的纵向设备应布置在同一控制器中。

G.6.3.4　应保证重要监控信号在控制器故障时不会失去监视；汽包水位（直流机组除外）、主蒸汽压力、主蒸汽温度、再热蒸汽温度、炉膛压力等重要的安全监视参数，应配置在不同对的控制器中（配置硬接线后备监控设备的除外）。

G.6.3.5　重要的模拟量控制回路和影响同一重要参数的控制回路，应分散配置在不同控制器中。

G.6.3.6　控制器的故障诊断报警功能、离线下载和在线下载功能，应验证可靠。

G.6.4　输入/输出信号（I/O）配置

G.6.4.1　I/O 通道冗余与分散配置要求

　　1）冗余配置的 I/O 信号，应分别配置在不同的 I/O 模件上。

　　2）采用故障安全型控制器时，其 I/O 应全程冗余配置。

3）多台同类设备，其各自控制回路的 I/O 信号，应分别配置在相互独立的 I/O 模件上。

4）每一个模/数（A/D）转换器的连接点数应不超过 8 点，否则 A/D 转换器宜冗余配置。每一个模拟量输出点应对应单独的 D/A 转换器，每一路热电阻输入应对应单独桥路。

5）控制器离线或断电时，模拟量输出模件应能够按照预先设定的安全模式动作，控制外部设备至工艺系统安全状态运行。

6）模拟量通道应具备短路或接地保护功能。所有的 I/O 通道及其工作电源均应互相隔离。

7）I/O 通道配置，应满足不少于总量 10% 的备用余量要求。

G.6.4.2　机组各主要控制系统的重要 I/O 信号配置要求

1）I/O 模件的冗余配置，应根据不同厂商的控制系统的结构特点和被控对象的重要性来确定。

2）用作保护和控制信号的模拟量信号，推荐采用三重冗余（或同等冗余功能）配置：机组负荷、汽轮机转速、轴向位移、给水泵汽轮机转速、调节级金属温度、凝汽器真空、汽轮机润滑油压力、热井水位、抗燃油压、主蒸汽压力、主蒸汽温度、主蒸汽流量、调节级压力、汽包水位、汽包压力、水冷壁进口流量、主给水流量、除氧器水位、送风风量、炉膛负压、增压风机入口压力、一次风压力、再热蒸汽压力、再热蒸汽温度、常压流化床床温及流化风量、中间点温度（作为保护信号时）、主保护信号。

3）双重冗余配置的模拟量信号：加热器水位、凝结水流量、汽轮机润滑油温、发电机氢温、汽轮机调节阀开度、分离器水箱水位、分离器出口温度、给水温度、磨煤机一次风量、磨煤机出口温度、磨煤机入口负压、单侧烟气含氧量、除氧器压力、中间点温度（不作为保护信号时）、二次风流量等。当本项信号作为保护信号时，应三重冗余（或同等冗余）配置。

4）三选二逻辑判断（或同等判断功能）配置的开关量信号：主保护动作跳闸（MFT、ETS、GTS）信号、连锁主保护动作的主要辅机动作跳闸信号。

5）涉及机、炉、电保护的重要监控信号（如汽包水位、炉膛负压等）在不同控制器中配置有监视用信号通道。

6）炉膛压力等应配置宽量程检测仪表，或硬接线至后备监控设备。

G.6.5　通信网络配置

G.6.5.1　通信网络冗余与容错配置要求

1）机组 DCS、DEH、脱硫和外围辅控等各主要控制系统的主控通信，以及 I/O 通信的网络交换设备（通信接口或通信模件），应选一级设备并冗余配置。

2）控制单元和操作员站的通信处理模块均应独立、冗余配置。

3）连接到数据通信系统上的任一系统或设备故障、通信介质局部故障或中断时，不会引起机组跳闸或影响控制器的正常运行，导致通信系统瘫痪或影响其他联网系统设备正常工作。

4）网络系统具备故障诊断与报警功能，通信模件、交换机故障或局部网络中断时，应及时可靠诊断并发出报警信息。

5）通信接口（或通信模件）、通信电缆均应冗余配置。

G.6.5.2　通信网络性能要求

1）运行中未发生冗余切换异常现象；网络通信与数据传输应无中断、停顿，或显示器画面数据显示异常等历史记录。

2）主控通信网络的数据通信负荷率，令牌网络平均应不大于 40%，以太网在正常工作状态下平均应不大于 10%，最繁忙的工作状态下应不大于 20%。

3）以太网通信速度不小于 100Mbit/s，令牌网通信速度不小于 10Mbit/s。

4）数据通信网络应能保证运行人员发出的任何指令被执行时间不大于 1s。

5）通信网络应采用工业控制级的网络设备。

6）站间最大通信距离应满足机组实际要求。